環境に配慮したい
気持ちと行動

エゴから本当のエコへ

関西大学教授　　　和田安彦
広島修道大学教授　三浦浩之　共著

技報堂出版

まえがき――環境の大切さは浸透しているのか？

「地球温暖化」、「オゾン層破壊」、「リサイクル」など、多くの環境に関わる言葉は市民権を得て、小学生でも知っているものとなっている。だれもが「リサイクル」、「省資源・省エネ」などに取り組むことは、至極、当然のことだと思っている。しかし、日々の生活において、どれだけこれらを意識し、行動できているのであろうか？"自分ひとりが何かをしたところで、小さな事だし、地球規模の環境は変わらないだろう。それよりは自分のしたいことをする方が心地よいし、楽しいな"と思って、お気に入りの車で街中を走り、ふと立ち寄ったコンビニエンスストアでペットボトル入りのお茶とお菓子を買って、食べて飲んだ後は分別ボックスに入れることで、自分は環境のことを考えているなと満足している程度ではないだろうか。

　廃棄物に関わる諸問題において重要なのは、適切な処理・処分の技術やシステムの構築、廃棄時にリサイクルすることを考慮した製品などの設計などであり、これらによって循環型社会を形成していくことである。しかし、それだけでは十分でない。これらに加えて、人々が本当に『環境配慮の意識』を持ち、そのうえで適切な『環境配慮の行動』を心地よく自ら望んで実行するようにしていくことも、同様に、あるいは技術的な対応以上に重要なことである。

　しかし、人々が何かの行動をしようとする際には、その行動により何かが得られなければ、なかなか実行しないものである。そこには、ある意味、個人の"エゴ"が介在する。自分の"エゴ"を充足するためにこそ、人は行動を起こす性質を持っているものである。この"エゴ"な行動が環境へ多大な負担を掛けるものであり、現在の環境問題を引き起こしている大きな要因であった。

　しかし、ようやく、人々はこれに気づき始め、"エコ"を意識した"エゴ"の形成をしつつある。そのひとつが、最近の日本における LOHAS (Lifestyles of Healt6h and Sustainability) ブームである。LOHAS とは、アメリカの社会学者ポール・レ

まえがき

イ氏らが，1998年，全米15万人を対象に15年間にわたって実施した価値観調査から生まれた言葉であり，快適に暮らしたいという欲求（エゴ：EGO）と，地域社会における環境との共生（エコ：ECO）を両立させながら，新しい生活文化を創造していくムーブメントである。簡単に言うと，「人と地球にとって，健康で持続可能なライフスタイル」を選んで生活していくことである。

本書では，私たちの生活に密着し，かつ"エゴ"な生き方，考え方の結果が如実に表れている「ごみ」をめぐる環境問題に焦点を当て，そこに生じている"エゴ"と"エコ"の関わりについて述べていく。そして，環境を守り，将来世代に今の環境を残していくために，積極的に楽しく行動を起こしてもらうためのアプローチを考えていく。

2007年4月

和田安彦
三浦浩之

目　　次

まえがき―環境の大切さは浸透しているのか？

第1章　リサイクル促進を目指した分別細分化によりもたらされた意識変化 *1*
- **1.1　はじめに** *1*
- **1.2　環境問題への意識と環境配慮行動** *2*
- **1.3　分別収集による市民の意識変化, 行動変化の構造** *4*
  - 1.3.1　調査方法　*4*
  - 1.3.2　環境配慮的意識形成と行動実践との連関モデル　*6*
  - 1.3.3　分別収集実践による意識変化の分析　*10*
  - 1.3.4　ライフスタイルの環境配慮型へのシフト　*14*
  - 1.3.5　分別細分化によりもたらされる意識変化　*17*
- **1.4　分別収集細分化により生じる異物混入** *17*
  - 1.4.1　分別収集実施による異物混入状況の変化　*18*
  - 1.4.2　分別排出行動と住民意識　*21*
  - 1.4.3　分別収集実施地区と未実施地区の住民意識の違い　*25*
  - 1.4.4　異物混入が生じる理由と対応策　*27*
- **参考文献**　*29*

第2章　市民が受け入れられるリサイクルとは―PETボトルリサイクルから考える *31*
- **2.1　PETボトルリサイクルの現状と課題** *31*
  - 2.1.1　現　状　*31*
  - 2.1.2　PETボトルのリサイクル　*34*

目次

2.2 PETボトル再商品化製品が市民に受け入れられるための製品開発のあり方 *35*
2.2.1 PETボトルのリサイクルに対する市民の意識 *36*
2.2.2 PETボトル再商品化製品に対する意識 *39*
2.2.3 PETボトル再商品化製品購買における判断要素 *43*

2.3 PETボトルのリユースとケミカルリサイクル *48*
2.3.1 わが国におけるPETボトルのリユースとケミカルリサイクルの現状 *48*
2.3.2 PETボトルのリユースとケミカルリサイクルの受入れ意識 *49*
2.3.3 リユースPETボトルの受入れ意思が弱い要因 *53*
2.3.4 PETボトルリユースを進めるには *54*

2.4 PETボトルのリサイクル，リユースの環境へのやさしさ評価とコスト評価 *55*
2.4.1 ライフサイクルアセスメント(LCA) *55*
2.4.2 ライフサイクルコスト(LCC) *58*
2.4.3 PETボトルのリサイクル，リユースの環境へのやさしさとコスト評価 *59*

参考文献 *61*

第3章 環境へのやさしさと性能をバランスしていくこと *63*
3.1 はじめに *63*
3.2 総合的商品価値評価システム *63*
3.2.1 総合評価の基本的考え方 *63*
3.2.2 商品価値総合評価の考え方 *64*
3.2.3 商品価値の総合評価 *65*
3.2.4 性能優秀度の評価 *65*
3.2.5 環境調和度の評価 *66*

3.3 自動車用ホイールのケーススタディ *68*
3.3.1 アルミホイールとスチールホイール *68*
3.3.2 相対的性能優秀度の評価 *69*
3.3.3 環境負荷の算出 *72*
3.3.4 環境調和度の評価 *77*
3.3.5 ホイールの総合商品価値評価 *79*

3.4　購買者による商品価値の相違　*82*
3.4.1　自動車愛好家による性能重要度評価　*82*
3.4.2　購買者層による総合商品価値評価の相違　*83*
3.4.3　ホイールの総合商品価値評価の向上　*84*

3.5　まとめ　*85*

参考文献　*87*

第4章　住環境とごみ処理施設建設受入れ意識の関係　*89*

4.1　NIMBY という考え　*89*
4.2　調査対象地域　*90*
4.2.1　大阪市城東区 A 地区　*90*
4.2.2　吹田市千里ニュータウン B 地区　*93*
4.2.3　大阪市福島区 C 地区　*96*

4.3　調査方法と調査内容　*98*
4.3.1　調査方法　*98*
4.3.2　調査内容　*99*
4.3.3　調査票回収状況　*99*

4.4　最新鋭の廃棄物中間処理施設建替えに対する意識　*99*
4.4.1　最新のごみ処理施設への建替え　*100*
4.4.2　施設建替えで気になる事項　*101*
4.4.3　施設建替えにおける不安感を取り除く方法　*103*
4.4.4　施設建替え時に併設してほしい施設　*103*
4.4.5　地区還元施設併設による建替え意識の変化　*104*
4.4.6　供給サービス形態による中間処理施設建替えに対する意識の相違　*107*
4.4.7　希望するエネルギー供給量　*108*

4.5　他地域での施設立地に伴うエネルギー供給に対する意識　*110*
4.5.1　処理施設立地地域でのエネルギー供給に対する意識　*110*
4.5.2　処理施設立地地域でのエネルギー供給量に対する意識　*111*
4.5.3　エネルギー供給割合との関連　*112*

4.6　各地区住民の廃棄物中間処理施設等に対する意識　*114*

目　次

4.7　ごみ処理施設建設における融和策　*115*
　　4.7.1　A地区　*115*
　　4.7.2　B地区　*116*
　　4.7.3　C地区　*117*
4.8　まとめ　*119*
　　4.8.1　中間処理施設立地の賛否　*119*
　　4.8.2　地区還元施設併設による意識の変化　*120*
参考文献　*121*
回答者属性　*123*

第5章　環境への意識とNIMBY意識の関係　*127*

5.1　はじめに　*127*
5.2　廃棄物処理施設近隣住宅へのエネルギー供給の意義　*127*
5.3　環境や廃棄物中間処理施設などに対する意識の実情　*129*
　　5.3.1　環境や生活に関する意識　*129*
　　5.3.2　廃棄物中間処理施設および環境に関する知識の獲得状況　*132*
5.4　廃棄物中間処理施設立地に対する意識の形成要因解析　*138*
　　5.4.1　ごみ問題に関する知識と施設立地への意識の関連　*138*
　　5.4.2　中間処理施設からのエネルギー供給の認知と施設立地への意識の関連　*139*
　　5.4.3　ごみ分別への意識と施設立地への意識の関連　*140*
5.5　便益の提供による意識の変化の要因解析　*142*
　　5.5.1　提供する便益内容との関連　*142*
　　5.5.2　ごみ処理に関する知識との関連　*147*
　　5.5.3　施設建替えに対する意識との関連　*148*
　　5.5.4　見返り施設設置に対する意識　*151*
5.6　施設に対する意識の形成要因とその変化要因　*153*
　　5.6.1　廃棄物中間処理施設立地に対する意識の形成要因解析　*153*
　　5.6.2　便益提供による意識の変化の要因解析　*154*
参考文献　*157*

第6章　人々に受け入れられるごみ処理施設となるには　*159*
6.1　廃棄物中間処理施設の新たな位置付けの提案　*159*
6.1.1　NIMBY 対応としてのエネルギー等地域還元のもたらす影響　*159*

6.1.2　地域・地球環境問題対応の環境創出施設としての住民受入れへ　*161*

6.1.3　"廃棄物"，"処理"という意識からの脱却　*163*
6.2　廃棄物処理施設の NIMBY からの脱却　*164*
6.2.1　循環型地域形成施設　*164*

6.2.2　不信感・不安感の解消　*164*

6.2.3　廃棄物施設の NIMBY からの脱却　*165*

おわりに　*169*

索　　引　*175*

第1章　リサイクル促進を目指した分別細分化によりもたらされた意識変化

1.1　はじめに

　「持続可能な社会」，「持続可能な経済活動」を達成するには，現在の資源多消費型，使い捨て型の生産・消費構造から資源循環型の生産・消費構造に転換することが必要であることは既に周知の事実である。

　そのためには，消費者レベルでは，より環境への負荷の少ない消費行動をとること，すなわち，資源の消費が少ない，使用後に再利用・再生しやすい，長期使用できる等の特性を持つ環境調和型商品を選択することが望まれる[1,2]。

　しかし，現実的にはこれまでの社会・経済が大量生産，大量消費，大量廃棄を基本に構築されてきたことから，このような環境調和型製品は少なく，消費者の商品選択の範囲を狭めている。ヨーロッパ各国では容器等のリサイクルを義務づけるにとどまらず，リサイクル可能な商品のみを認めワンウェイ容器の使用を禁止する(デンマーク)，容器包装に課金する(スウェーデン)等の方策がとられている[3]。わが国でも『容器包装リサイクル法』の制定に伴う分別収集の必要性，廃棄物最終処分地の容量不足の問題等から，自治体による家庭ごみ収集の分別は細分化する方向にある。この家庭ごみ収集の分別化は，ごみを排出する市民の「ごみ」，さらには「環境」に対する意識を高め，消費行動を環境配慮型へと転換させる効果のあることが指摘されており[4~6]，筆者らも独自の調査とその解析より，これらの効用を確認している[7]。しかし，意識変化は直接的に行動変化には結びつかず，より実行に移すための施策が必要となっている。

　本章では，このような分別収集の導入による市民の環境に対する意識，行動変

化の要因分析を行い，これより市民のライフスタイルを環境調和型商品の積極的な選択等の資源循環型へと高めるために必要な社会システム上の要件について述べる。

次に，分別の細分化を行った際によく問題となる分別間違いがなぜ生じるのか，これを極力減らすにはどうすればよいのかについて考えてみる。

1.2 環境問題への意識と環境配慮行動

個人が環境配慮行動(例えば，エネルギー・資源の消費や環境への負荷が相対的に小さい行動)を選択する要因を表すモデルとして，広瀬は図-1.1に示すものを提案している[8]。

すなわち，個人がある環境問題に対して何らかの貢献をしたいと考える(環境配慮の目標意図)要因として，

① 環境汚染がどれほど深刻であり，その発生がどれほど確からしいかについての環境リスクの認知，
② 環境汚染や破壊の原因が誰あるいは何にあるのかという責任帰属の認知，
③ 何らかの対処によって直面している環境問題は解決可能かどうかという対処有効性の認知，

をあげ，この意図に基づいてその環境問題に対して環境配慮行動を実践する(環

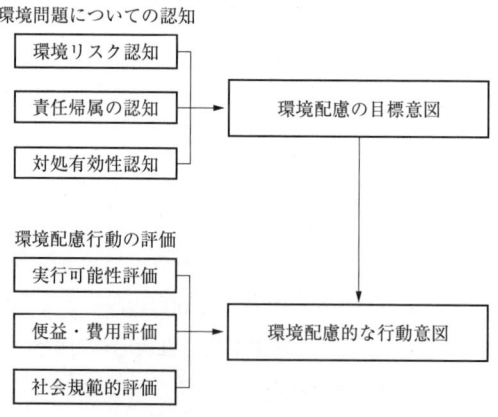

図-1.1 環境配慮行動と規定要因との連関モデル

境配慮的な行動意図)かどうかは，
① 行動の実行性の評価，
② 行動のもたらす結果の便益・コストについての評価，
③ 行動が社会の規範や期待に沿っているか否かの評価，
をその個人が判別して決定するとしている。

以上のモデルをごみ問題に適用すると**表-1.1**のようになる。

表-1.1 ごみ問題に対する環境配慮行動の規定要因

環境配慮の目標意図	
環境リスク認知	ごみ問題の深刻さの認知 例）・ごみを適正に処分しないと環境が悪化する 　　・再資源化しないと消費できる資源が減少する
責任帰属の認知	ごみ問題は消費者自身の責任であることの認知
対処有効性認知	リサイクルや分別を行うことの有効性の認知
環境配慮的な行動意図	
実行可能性評価	分別方法やリサイクル可能な資源等についての知識に基づいた可能性の評価
便益・費用評価	分別やリサイクルが不便であるか否かと，時間消費（手間）を含む経済的なインセンティブによる評価
社会規範的評価	友人や近所の人が分別やリサイクルに参加しているかどうか

ここで注意しなければいけないのは，必ずしも市民は環境配慮的な行動意図を持たなくても，自分の居住する自治体の収集システムに沿って分別を実施していることである。すなわち，目標意図，行動意図が形成されなくても，半ば強制的に環境配慮的な行動を実践していることもある。

しかし，その一方で，筆者らの調査研究[9]より，分別収集が導入された場合，市民はごみの分別化という行為を通じて環境やごみ，さらには自己のライフスタイルと環境との関わりについて関心を持ち，様々な環境配慮的な行動を実践するようになることが明らかになっている。

また，自治体では市民に対してごみ減量化や資源ごみ回収，ごみ分別方法等についてポスターやリーフレット，パンフレットで啓蒙を図っている。これらも市民の環境に関する関心を高め，環境配慮的な行動意図形成に寄与していると考えられる。

以上より，先の環境配慮行動と規定因との要因連関モデルは，ごみの分別収集

導入においては図-1.2のようになると考えられる。すなわち，目標意図と行動意図の形成から行動が実践されるのではなく，具体的な環境配慮行動を通じて，環境配慮的な意識が形成され，さらなる環境配慮行動が意図される。

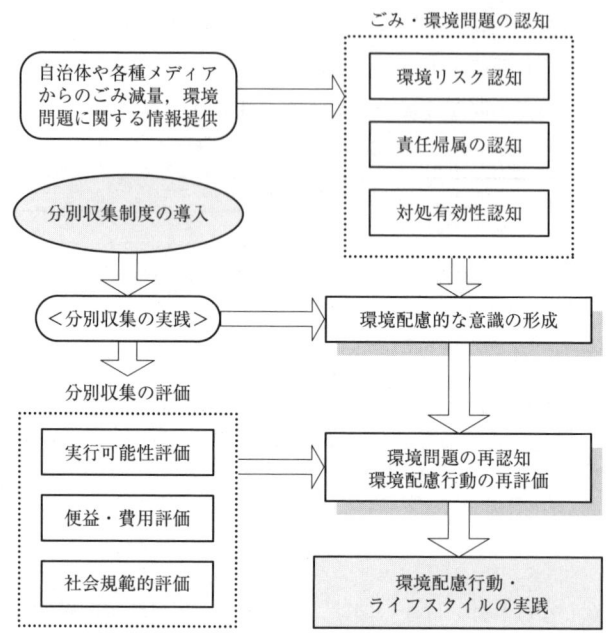

図-1.2　ごみ分別収集を通じた環境配慮的意識形成と行動実践との連関モデル

1.3 分別収集による市民の意識変化，行動変化の構造

1.3.1 調査方法

調査対象は1995年度に資源ごみを細分化して，3種4分別から6種9分別(**表-1.2**)に変更したA市(人口20万人)である。一度にごみ種が細分化されたため，市民にとって分別ごみ種がわかりにくい状況にあったことが予想される。この問題に対処するため，表-1.3に示すような内容と方法でごみの分別方法やごみ減量化方法，リサイクル等についての情報提供を実施している。

このA市において分別収集方式変更1年後の1996年度に質問票を用いて戸別訪問形式により市民の家庭ごみ分別収集に対する意識や分別収集実施により生じ

た意識・行動変化を調査した。回答者数は265人である。また，回答者に年齢的な偏りは見られなかったが，平日の調査であったため，回答者の80％強は女性であった。

アンケートの質問は基本的に選択方式とした。質問項目は**表-1.4**に示すものである。なお，アンケート結果の詳細については既報[9]があるので，ここでは割愛する。

表-1.2　A市の分別方式

3種4分別	6種9分別
① 可燃ごみ	① 可燃ごみ
② 資源ごみ	② 紙 ・新聞 ・ダンボール ・雑誌，チラシ等
	③ 布
	④ 缶・びん
	⑤ その他不燃ごみ
③ 粗大ごみ ・可燃粗大ごみ ・不燃粗大ごみ	⑥ 粗大ごみ ・可燃粗大ごみ ・不燃粗大ごみ

表-1.3　A市のごみ減量化等に関する市民への情報提供

	内容	媒体	提供方法
環境一般	環境政策	民間の広報誌	不定期掲載 広報自体は月1回 各家庭配布
分別方法	分別ごみ一覧表	ポスター	各家庭配布
ごみ減量化	減量目標の提示（1人1日100g） 品目別ごみ減量化方法	ポスター	各家庭配布
リサイクル	リサイクルハンドブック リサイクルにより守られる資源量の提示 紙のリサイクルに関する資料（関連財団法人発行のもの） 紙リサイクルハンドブック（関連財団法人発行のもの） 容器包装リサイクル法に関する説明（経済産業省発行のもの）	冊子 ポスター 冊子（3種類） 冊子 冊子	市役所にて配布 各家庭配布 市役所にて配布 市役所にて配布 市役所にて配布

表-1.4　アンケート項目

1. 分別収集方式への賛成・反対
   (1) 分別収集実施提案時
   (2) 現在
2. 分別収集方式の評価
   (1) 賛成理由
   (2) 反対理由
3. 資源化されているごみの認知
4. ごみを分別する際に困った事項（複数回答可）
5. 分別収集により商品購入で配慮するようになった事項（複数回答可）
6. 分別収集実施による環境への意識変化（複数回答可）
7. 分別収集に対処するために努めている事項（複数回答可）

1.3.2　環境配慮的意識形成と行動実践との連関モデル

（1）　ごみ分別収集を通じた環境配慮的意識形成と行動実践との連関モデル

　実施したごみ分別収集に関するアンケート調査の各質問項目の選択肢を図-1.2に示した環境配慮的意識と行動の形成モデルに当てはめると，図-1.3のようになる。

a.ごみ・環境問題についての認知　　市民のごみ・環境問題についての認知は，自治体からのごみ減量化等に関する情報により進むと考えられる。アンケート調査の選択肢から見ると，次のようになる。

　まず，環境リスク認知は，「リサイクルしなければ環境は悪化するという認知」⇒「分別収集が必要と判断」と考え，対処有効性認知は分別収集への参加・反対理由に関する市民の意見（回答）が該当すると考えられる。なお，ごみや分別に対する個人や家庭の責任に関しての質問項目は設けていなかった。

b.分別収集の評価　　導入された分別収集を市民は否応なく実行しなければならず，それへの対処や生活への影響を通じて評価すると考える。

　実行可能性評価は分別収集方式の反対理由として市民のあげた意見（回答），便益・費用評価は同じく賛成理由として市民のあげた意見と反対理由としてあげた意見の一部が該当すると考えた。

c.環境配慮的な意識の形成　　環境配慮的な意識とは，すなわち分別収集を通じて環境に関して新たに形成された意識のことである。アンケート調査の質問項目の選択肢からみると，環境への意識の変化についての質問に対する市民の意見（回答）が該当する。

d.環境配慮行動・ライフスタイルの実践　　環境配慮行動・ライフスタイルの実践とは，環境配慮的な意識の形成や，これによる環境問題の再認知，環境配慮行動（分別収集等）の再評価によって，実践されるようになった各種の行動やライフスタイルである。

　アンケートにおいて質問した，分別収集・ごみ減量化のために商品購入時に配慮した事項，分別収集への対処事項やごみ減量化のために努めている事項に関する市民の回答がこれに該当する。

1.3 分別収集による市民の意識変化，行動変化の構造

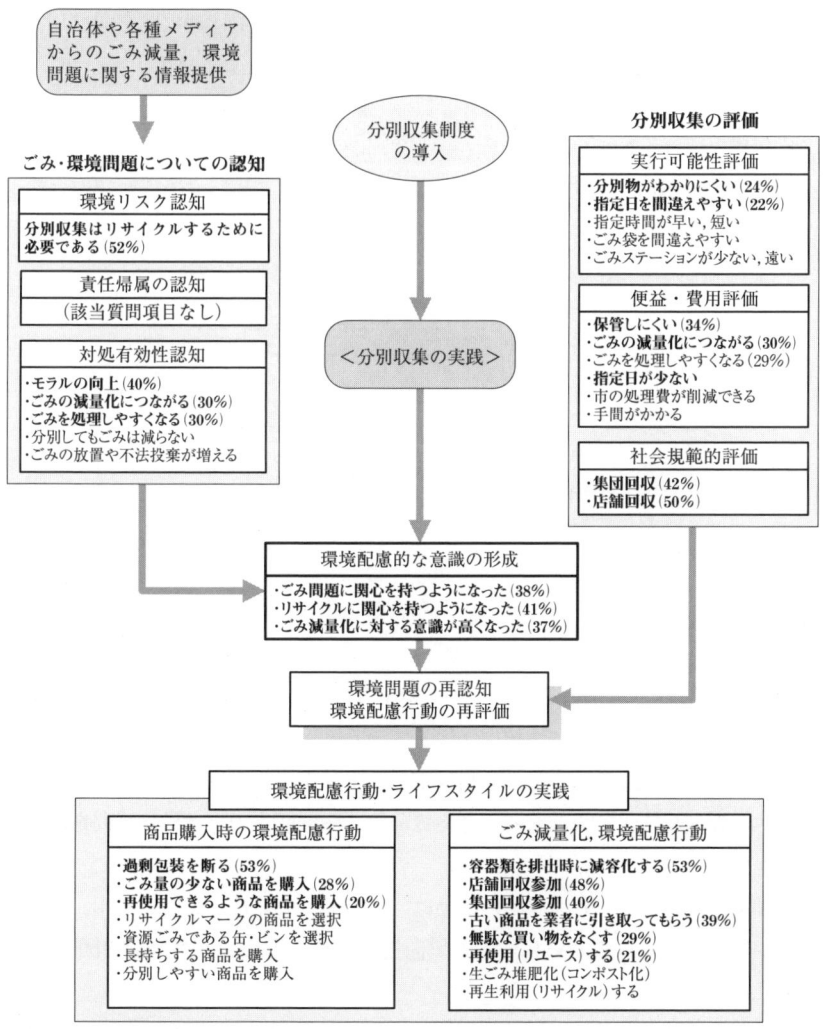

図-1.3 ごみ分別収集を通じた環境配慮的意識形成と行動実践の連関モデル（太字はアンケート調査より選択した項目）

（2） ごみ分別収集を通じた環境配慮的意識形成と行動実践の度合い

　市民に対するアンケート調査の解析から，分別収集への参加意図が形成された意識の流れと，形成された環境への意識，さらには実践された環境配慮的な行動

とライフスタイルについて検討する。なお，回答者に自由に選択肢を選択してもらったため，回答がばらつき過半数の回答者が選択したような因子がなかった。そこで，回答率(＝選択者数/全回答者数)が20％未満の因子は規定因としてあまり働いていないと判断した。

a.ごみ・環境問題についての認知　　ごみ・環境問題についての認知状況に関する質問選択肢への回答割合を図-1.4に示す。

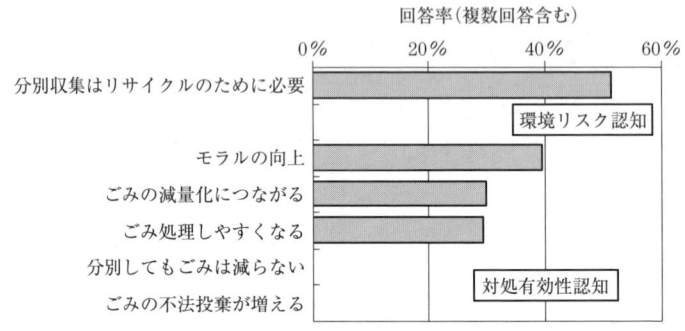

図-1.4　ごみ・環境問題についての認知状況

環境リスク面で「分別収集がリサイクルするために必要である」と考えている市民は半数に過ぎず，十分に情報が浸透しているとはいえない。

一方，対処有効性では，分別収集は市民のモラルを向上させ，ごみ処理が容易になり，ごみ減量化につながると考えている。分別収集の有効性に疑問を持つ市民は少ない。

b.分別収集の評価　　分別収集の評価は，その実行可能性，便益と費用，社会的規範から行われる。これらに関する質問選択肢への市民の回答割合を図-1.5に示す。

実行可能性評価では，「分別物がわかりにくい」，「指定日を間違えやすい」といった分別収集のマイナス面の評価が多い。また，便益・費用評価でも「保管しにくい」，「指定日が少ない」等，分別に伴う時間消費，空間消費や負担が問題視されている。一方，社会規範的評価では，集団回収や店舗回収が行われているため，評価にプラスとなっている。

分別収集導入に伴って生じる日常生活実行上の支障や個人への時間的，空間的

1.3 分別収集による市民の意識変化,行動変化の構造

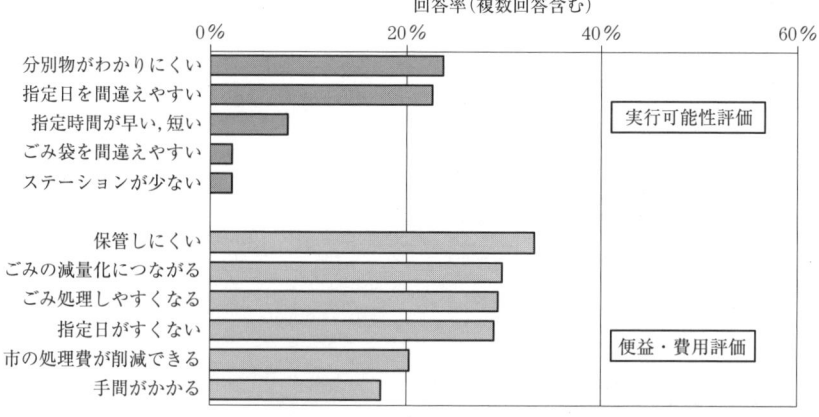

図-1.5 分別収集の評価結果

な負担が生じていることが,このようなマイナス面の多い評価になった要因である。このような支障等が,自らの生活を環境配慮型へ変更する原動力の一つになっているものと考えられる。

c.環境配慮的な意識の形成　環境配慮的な意識の形成状況に関する質問選択肢への回答割合を集合的に図-1.6に示す。分別収集を実践した後でもごみやリサイクルに関心を持てなかった人は27％であり,分別収集の実践を通じて何らかの環境配慮的な意識が形成された市民は3/4に達している。

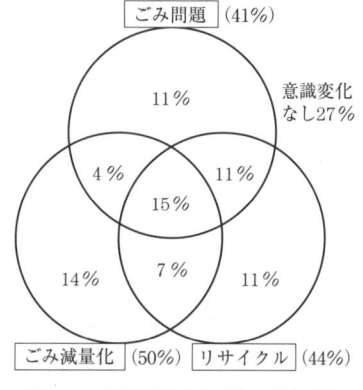

図-1.6 環境配慮的な意識の形成状況

特にごみ減量化に関しての関心が高まっており,リサイクルについても半数近くの市民が関心を深めている。すなわち,市民はごみの分別という環境配慮的な行動を日常的に行うことを通じて,ごみやリサイクルに対する関心を高めている。

d.環境配慮行動・ライフスタイルの実践　分別収集に参加することで実践されるようになった環境配慮的な行動を図-1.7に示す。環境配慮行動としては,商品購入時に「ごみ量の少ない商品」を選択すること,「過剰包装を断る」ことであり,

9

第1章　リサイクル促進を目指した分別細分化によりもたらされた意識変化

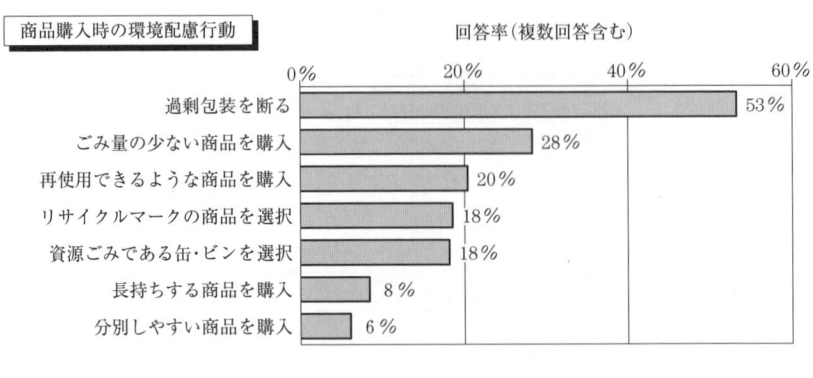

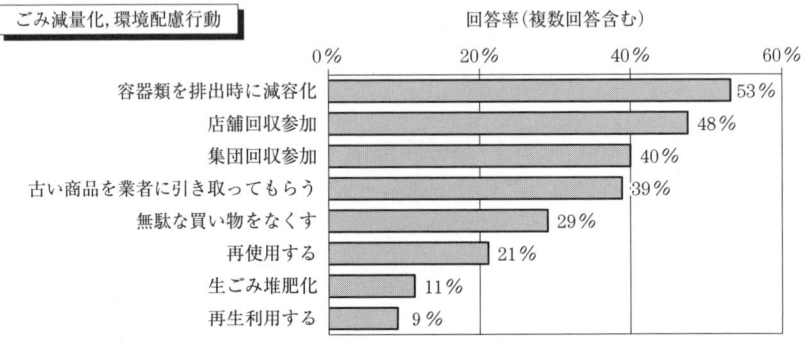

図-1.7　環境配慮的な行動の実施状況

集団回収や店舗回収に参加することや，ごみを減容化すること，無駄な買物をなくすこと，できるだけ再使用することなどに取り組んでいる。

すなわち，分別して排出するごみ量を減らすような行動やライフスタイルへとシフトしている。

e.分別収集を通じた環境配慮的意識形成と行動実践の連関モデル　以上の解析より，分別収集を通じた環境配慮的な意識の形成や行動の実践との連関を表現するモデルを構成した。これを図-1.3中に太字で示した。

1.3.3　分別収集実践による意識変化の分析

自治体からのごみ減量化等に関する情報の提供と分別収集方式導入により市民に形成された環境配慮的な意識から，環境問題の再認知と環境配慮行動の再評価

がどう行われたのかを分析した。さらに、そのような再認知と再評価により、さらなる環境配慮的な行動やライフスタイルが選択されたのかについても検討した。

(1) 分析方法

アンケート調査では分別収集方式導入が決定された時点と実際に導入されて1年以上経過した時点で、分別収集方式への評価(賛成、反対、仕方ない、どちらでもない)を質問した。この結果、導入決定時には否定的(反対、仕方ない、どちらでもない)であったが、実際に分別収集に応じた生活を行うことを通じて賛成意見に転じた市民が見られた。また、賛成ではないが導入決定時よりも肯定的意見に転じた市民(例えば、反対→仕方ない)もいる。

一方、一部の市民は上記のような市民とは反対に、分別収集方式導入が決定した時点では賛成であったのに、実際に導入された後に否定的意見(反対、仕方ない、どちらでもない)に転じた市民もいた。また、導入時に否定的意見であって、導入後さらにより否定的になった(例えば、どちらでもない→反対)市民も見受けられた。

全体として評価に変化の生じた市民は回答者の30％に達している(図-1.8)。

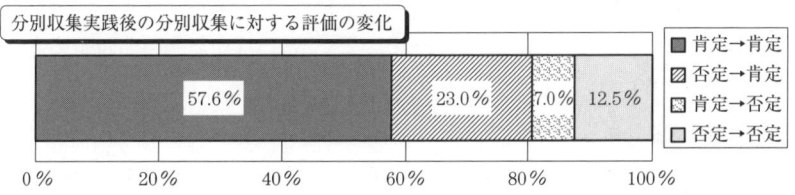

(2) 環境問題に対する再認知

環境リスクおよび対処有効性の認知については、分別収集実践後に分別収集に対する評価の変化した人と変化しなかった人で、特に違いは見られなかった。

(3) 環境配慮行動(分別収集)の再評価

分別収集の評価に関する因子では、分別収集実践後に分別収集に対する評価の変化した人と変化しなかった人に違いが見られた(図-1.9)。

第1章 リサイクル促進を目指した分別細分化によりもたらされた意識変化

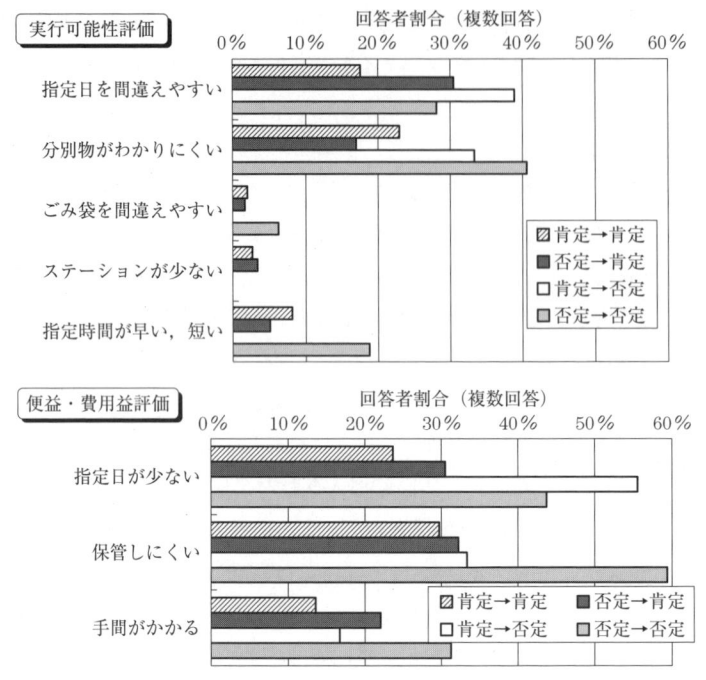

図-1.9 環境配慮行動(分別収集)の再評価

　実行可能性評価では,「分別物がわかりにくい」という商品側の問題が否定的意見に転じる要因となっている。また,「指定日を間違えやすい」という制度上の問題も否定的意見に転じる要因である。

　便益・費用評価の点では,「保管しにくい」ことが否定的な意見を持つ市民をさらに否定的にしている。「指定日が少ない」といった従前の収集方式に比較して市民側の負担増となった事項も否定的意見に転じる要因になっている。

（4）環境配慮行動・ライフスタイルの実践状況

　分別収集への意見の変化が生じた市民と意見が変化しなかった市民の環境配慮行動の実践状況を比較して図-1.10 に示す。

　肯定的評価から否定的評価に変化した人が,商品購入時の配慮行動やごみ減量化行動に最も積極的である。

　このような市民は,分別収集方式が制度であるため,いわば否応なしに受け入

1.3 分別収集による市民の意識変化，行動変化の構造

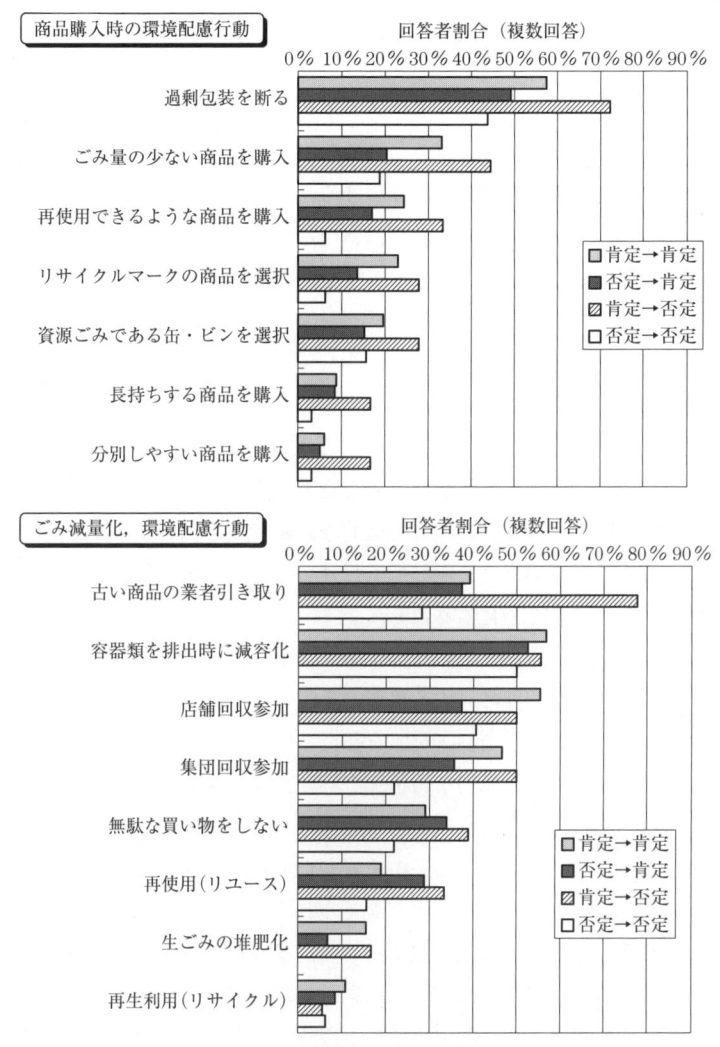

図-1.10 分別収集に対する評価と環境配慮行動の実践状況

れているが，これに対処するため自衛的手段として日常生活を環境配慮的にしていると考えられる。すなわち，分別収集方式という他者による制約に対応する手段として自発的に行動を工夫することによるごみ減量化を選択している傾向が見られる。

1.3.4 ライフスタイルの環境配慮型へのシフト

以上の検討を踏まえ，市民のライフスタイルを環境配慮型へとシフトしていくための方策を考察した．最も重要なのは多くの市民は環境問題に関心を持っているため，この意識を実際の行動に結びつけることである．考えられる方策を環境配慮行動ならびにライフスタイル実践にいたる意識，行動の流れをもとに整理した．これを図-1.11に示す．環境配慮行動を実践する環境配慮型ライフスタイルを一般的なものとするためには，次のような工夫を社会システムにおいて実行することが必要と考える．

① 環境問題に対する認知を広め，深めること，
② 環境配慮的な行動に対する評価を高めること，
③ 市民各自が持っている環境配慮的な意識を実際の行動に反映させること，
④ 環境配慮的な行動からの環境配慮的な意識形成を促進すること，
⑤ 環境配慮的な意識形成を環境配慮行動・ライフスタイル実践へ結びつけること，およびこれを強化すること．

分別収集の導入により行われるようになった市民の自発的な環境配慮行動は，半強制的に導入された制度に対する自衛的手段として実行され始めている．トップダウン式に導入された社会システムを契機として行われるようになったライフスタイルの工夫を本来の自発的な環境配慮行動，ライフスタイルの実践に結びつけるためには，たとえ自衛的手段として始められた行動であっても，その効果を実感できるようにし，それらの工夫の発展が自らのライフスタイルとして転換できるよう誘導することが必要であると考えられる．

さらに，従来，市民が環境配慮型ライフスタイルを実践する必要性やその方法についての情報はマスコミや広報誌等によって市民に伝えられてきたが，これらは不特定多数を対象とした情報提供であるため，必ずしも市民個人が必要とする情報になっていないことが考えられる．したがって，各個人の必要とする情報を必要な時に必要な量だけ提供できるような情報提供システムの構築も必要であると考える．

以上を考慮して，環境配慮型のライフスタイルを導入するための方法と予想される効果を表-1.5にまとめて示す．

1.3 分別収集による市民の意識変化，行動変化の構造

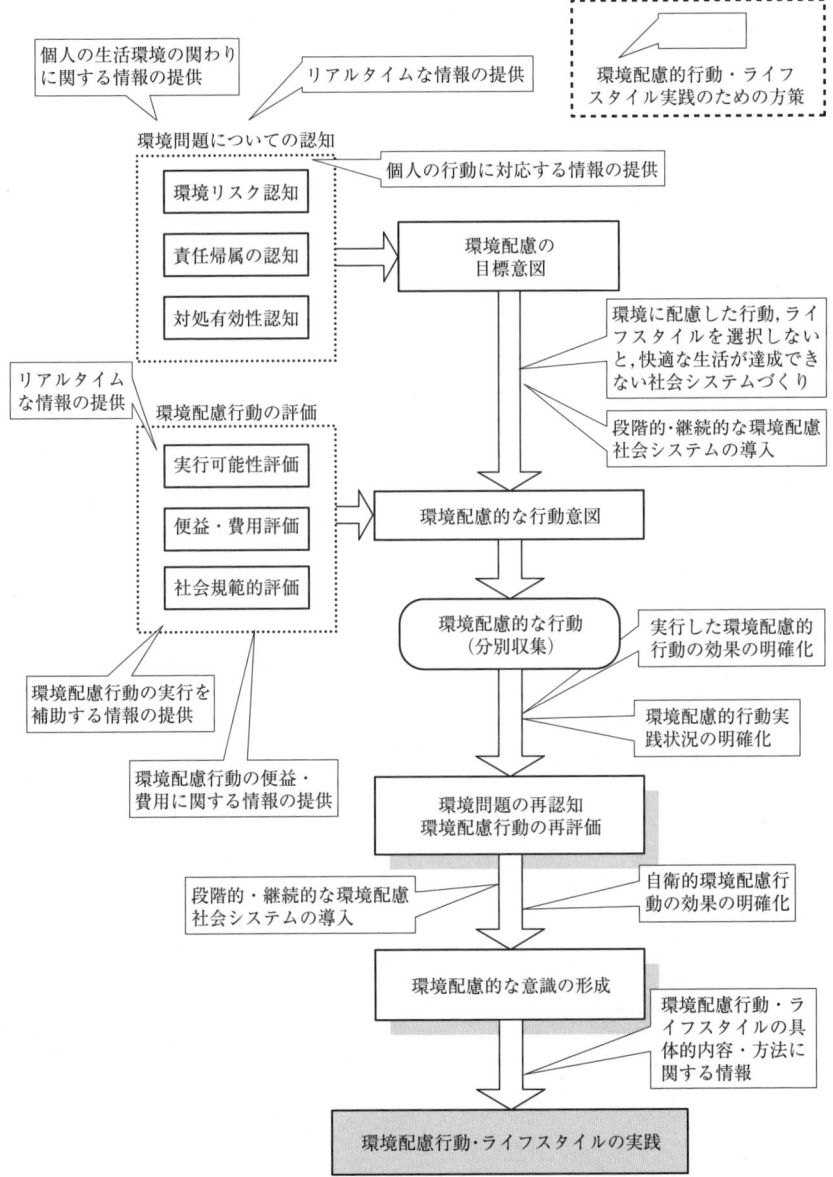

図-1.11 環境配慮型ライフスタイル導入策

第1章　リサイクル促進を目指した分別細分化によりもたらされた意識変化

表-1.5　環境配慮型ライフスタイル導入策とその効果

方　策		方策の内容	効　果
環境問題に対する認知の拡大と深化	環境リスク認知の促進	リアルタイムな環境に関わる情報を提供する	環境問題がより現実的なものであることを認識できるようになる。 日常的に環境に対して意識するようになる。
	責任帰属の認知の促進	個人の生活と環境との関わりに関する具体的な情報を提供する	環境に対して被害者であると同時に加害者であるという自覚が形成される。
	対処有効性の認知の促進	個人の行動とそれが生み出す環境面での影響、作用に対応する情報を提供する 提供する情報は一般的なものだけでなく、個人のライフスタイルに合致したものも提供する	個人レベルの環境配慮行動であっても、これが地球環境問題の解決に如何に有意義なものであるのかを認識できる。 効果が市民全体に広まれば、大いに成果が得られることを実感できる。
環境配慮行動に対する評価の強化	行動意図と行動との関連強化	環境に配慮した行動、ライフスタイルを選択しないと、快適な生活が達成できない社会システムづくり	ごみの分別が面倒であること、保管場所が必要になることなどの個人、家庭への負担増がもとになっている。
	段階的な環境配慮社会システムの導入		段階的に環境配慮社会システムを導入することによって、個人への負担が軽減でき、目標レベルに達しやすくなる。 一度、ある環境配慮社会システムへの対応を実践すると、次にさらに負担の大きい社会システムを導入する場合に受け入れられやすくなる。
	実行可能性の評価の向上	環境配慮行動の実行を補助する情報の提供	環境配慮行動を実行するための具体的な方法、工夫がわかることにより、環境配慮行動を実行しやすくなる。
	便益・費用の評価の向上	環境配慮行動の便益・費用に関する情報の提供	環境配慮行動を実践した際の便益や費用が明らかになれば、環境配慮行動の価値を判断でき、これを実行しやすくなる。
	社会規範の強化	人々の環境配慮行動の実行状況やごみ減量化状況を日常的に指し示す	環境配慮行動やごみ減量化への取り組みを実行している人の割合が高いことを、実行していない人が知れば、行動を実行するようになる。これにより、急速にこれらの行動が広まり、環境配慮型ライフスタイルが一般化される。
環境配慮行動からの環境配慮的な意識形成の促進	実行した環境配慮行動の効果を明確にすること		自発的な環境配慮行動の効果が把握できることによって、行動実践に対する満足感が得られ、次の環境配慮行動を実践する意欲を形成できる。
	環境配慮行動の実践状況を明確にすること		多くの人が環境配慮行動を選択していることが明らかになれば、残りの人々も環境配慮行動を選択するようになる。
	自衛的な環境配慮行動の効果を明確にすること		制度に対して自衛的に選択した行動が環境面で効果を持つことがわかれば、よりその行動を積極的に進めるようになる。
	段階的・継続的な環境配慮社会システムの導入		段階的・継続的に環境配慮社会システムを導入していくことによって、個人が導入制度を負担と感じないで実践できる。さらに、継続的に導入されることによって、常に新たな環境に対する意識の形成を促すことになる。
環境配慮行動・ライフスタイル実践の促進	環境配慮行動・ライフスタイルの具体的な内容・方法の情報の提供		環境配慮行動やライフスタイルを実行しやすくなる。個人の生活環境、習慣等に合った行動様式、方法を選択できるため、行動の実践への障壁が少なくなる。

ここで示した方策を実行することが，今後次々に導入されていくと予想される種々の環境配慮的な社会制度，システムを個人のライフスタイルの変更，さらには社会全体の環境配慮型へのシフト，持続的発展可能な社会の形成につなげていくものであると考える。

1.3.5 分別細分化によりもたらされる意識変化

ここでは市民が制度として導入された家庭ごみ分別収集に従って日常生活を送ることによって，市民の環境やごみに対する意識がどのように変化し，環境配慮型の意識が形成され，それがどう環境配慮的な行動に結びついていくのかを検討し，モデル化して分析した。これによって環境配慮行動の半強制的実践を通じた市民の意識と行動の変化を論理的に考えられる。また，アンケート調査結果から分別収集の実践によるごみ問題，環境問題の再認知や分別収集に対する再評価によって，自発的な環境配慮行動がどのように行われるようになったかを分析した。

その結果，分別収集により生じる種々の負担増加を減らすために実行し始めた行動が結果的に環境に対する意識の変化を促し，これが環境配慮行動の実践へと発展していったことが明らかになった。

そして，このような分析結果をもとにして，市民が環境配慮的な行動，ライフスタイルを選択，導入していくための方策を検討した。

1.4 分別収集細分化により生じる異物混入

『容器包装リサイクル法』完全施行により，缶やびん以外にもプラスチック製容器包装類，紙製容器包装類が分別収集されることとなった。紙製容器包装類と比較してプラスチック製容器包装類は多種多様であり，分別対象物かどうかを判断することは住民にとって負担になっている。これが異物混入の問題を引き起こしている一因である[3, 9]。

なぜ，異物の混入が生じているのかを解明するため，分別収集実施地区におけるプラスチック製容器包装類の分別収集の排出状況について，プラスチック集積所に運ばれた回収袋の実態調査を約2年間，数回に分けて行い，経年変化での分

別収集に伴う異物混入状況を把握した。それと並行して，分別収集が実施されている地域と未実施の地域を対象に，分別収集に対する住民の意識および行政・企業に望むことなどの意識調査を行い，分別収集を実施している地域としていない地域における住民の意識・行動の違いを比較した。そして，プラスチック製容器包装類分別収集における異物混入の問題の解決策を考えた。これは，住民，企業，行政の各立場での対応策について今後の方向を示したものである。

1.4.1 分別収集実施による異物混入状況の変化

大阪府の南部に位置するB市では，平成12年1月から一部の地区(5663世帯)で，PETボトル，白色トレイ，プラスチックボトル(洗剤容器等)の分別収集を実施している。住民は各世帯で3種類の容器をまとめて分別収集用の袋に入れて排出する。排出された分別収集袋は資源回収車により専用集積所にまとめられた後，容器別に分けられる。

そこで，分別収集実施地区での分別排出状況の調査を行った。調査日は平成12年1，2，3月，平成13年1，6，9月である。分別収集実施地区の容器包装類の分別排出日は月1回の頻度である。各世帯にはB市より容器包装類の分別収集用の袋が1年間に12袋(50L/袋)無料で配布される。そのため，1袋が各世帯1ヶ月当りのプラスチック製容器の排出量となる。

専用集積所に集められた分別収集用の回収指定袋の1袋当りの重量を計量し，中身を容器ごとに分類し，種類に個数を調査した。調査する回収袋は，調査員が回収ピットにおいてできるだけ破れていないものを無作為に抽出した。調査した袋の個数を**表-1.6**に示す。

これにより，プラスチック製容器の排出量と排出状況，および，異物(分別対象物以外の白色以外のトレイ，紙製容器，塩ビ容器，卵パック等)の混入量が，年々どのように変化しているのかを調べた。

各調査での1袋当りの重量別比率の比較図を**図-1.12**に示す。

分別収集を継続することによるプラスチック製容器の排出量には，あまり大きな変動が見られない。

表-1.6 調査した袋数

調査日程	調査袋数(個)
平成12年1月	233
平成12年2月	292
平成12年3月	359
平成13年1月	292
平成13年6月	255
平成13年9月	245

1.4 分別収集細分化により生じる異物混入

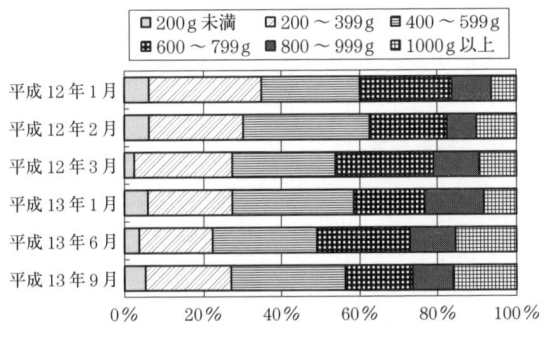

図-1.12 1袋当りの重量別比率

また，どの調査日においても1袋当りの重量は200〜799gの範囲の回収袋が多く，内訳は，PETボトル(500 mL)は約32 g/個，プラスチックボトル(醤油1 000 mL)は約38 g/個，白色トレイ(縦12 cm・横20 cm)は約4 g/枚である。

回収袋中のPETボトルは夏場である6月から9月には多くなっている(図-1.13)。これは環境省[10]が発表している全国の自治体での分別収集実績値の傾向と同様であり，夏場に，飲料の消費量が増加するためと考えられる。

白色トレイは平均10〜15枚程度となっており，季節的な変化があまり見られない。しかし，白色トレイを数多く排出する世帯では60枚/月程度排出している

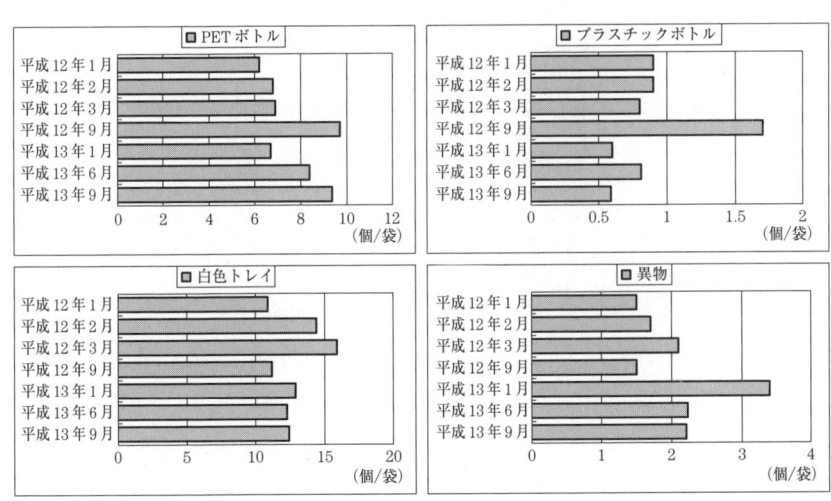

図-1.13 各容器の回収袋1袋当りの平均個数

第1章　リサイクル促進を目指した分別細分化によりもたらされた意識変化

一方で，全く排出していない世帯もあり，世帯による差が大きい。

PETボトル，プラスチックボトル，白色トレイについて，回収袋全体の中でそれぞれが1つでも入っている袋の割合を含有率とし，次式で定義する。異物についてはこれが異物混入率となる。

$$G = \frac{C}{T}$$

ここで，G：各容器の含有率(異物混入率)，C：容器(異物)が回収袋に1つでも入っている袋個数，T：調査袋数．

各容器の含有率および異物混入率を図-1.14に示す。PETボトルや白色トレイは，どの月も約70％以上と含有率が高くなっている。これは世帯での消費量が多いプラスチック製容器包装であるためと考えられる。

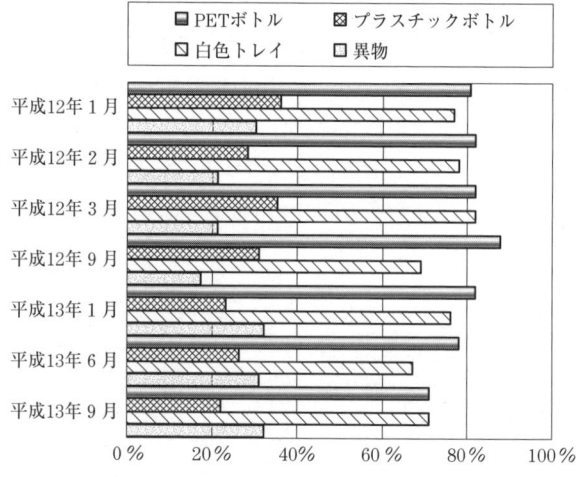

図-1.14　各容器の含有率および異物混入率の比較図

一方，異物の含有率は，分別収集開始直後は減少傾向にあったが，分別収集実施1年後である平成13年1月には増加に転じ，平成13年度は含有率が常に30％以上となった。なお，平成12年1月の含有率は高いがシステム遷移期としての特殊性が働いたためと考えられる。

1.4.2 分別排出行動と住民意識

　分別収集開始1年後の分別排出状況調査結果から，分別収集の継続によって，1世帯当りの異物の混入量が増加していることがわかった。また，異物混入率も，分別収集開始1年後では常に30％以上と高くなっている。そこで，異物混入の要因を明らかにするため，住民を対象とした意識調査アンケートを実施した。アンケート回答率は36％である。

（1）アンケート調査の概要

　調査対象は平成12年1月より分別収集を実施している地域の住民である。アンケート調査で分別排出に対する住民意識および異物混入の要因を明らかにする。分別収集実施地区での調査対象地域の選定については，住居形態の違いが異物混入に影響を与える因子となる可能性を考慮し，戸建住宅が多い地域と集合住宅が多い地域とした。その地域の中からランダムに世帯を抽出しアンケートを実施した。アンケート調査の概要を**表-1.7**に示す。

表-1.7　アンケート調査の概要

調査対象地域	B市内の分別収集実施地区
調査世帯数	414世帯
回答世帯数	149世帯（戸建住宅：87世帯，集合住宅：62世帯）
回答率	戸建住宅：35.4%，集合住宅：37.0%
調査方法	訪問留置法
調査人員	3～4人
調査期間	平成13年11月～平成14年1月（計4回）
調査内容	調査主題名は「プラスチック容器の分別排出に関するアンケート」 調査項目は住民の分別排出に対する①意識変化，②目的の把握状況，③不満，困難な点，④規則違反の有無，および今後，行政，企業，住民に望むこと

（2）アンケート調査の回答者属性

　アンケート調査への回答者属性（性別，年齢，住居形態，職業）について**図-1.15**に示す。それによると，性別では女性が約8割，年齢では30代以上が約9割，住居形態ではマンションが約4割で一戸建てが約6割を占めていた。職業は専業主婦が約6割で，それ以外の主婦が1割以上であるため，主婦全体は約8割

第1章　リサイクル促進を目指した分別細分化によりもたらされた意識変化

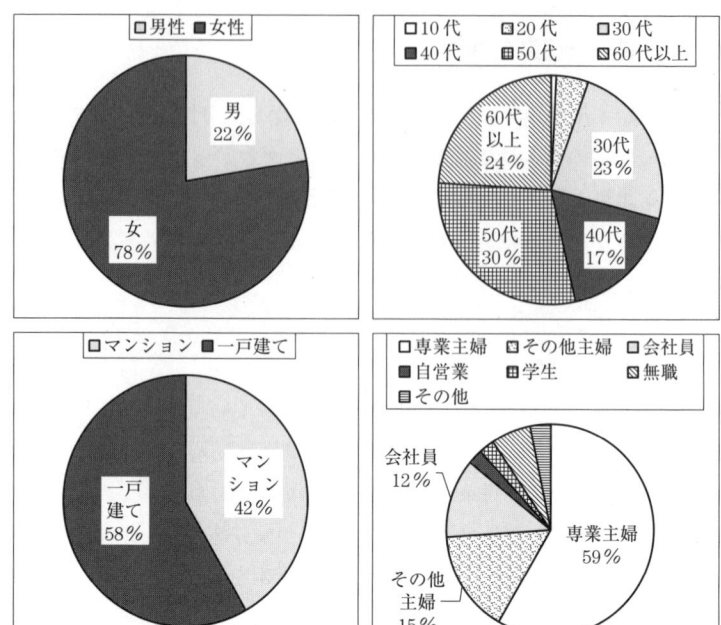

図-1.15　アンケートの回答者属性

近くであった。以上の回答者の属性から，多くの回答者が実際にごみを分別している人であると考えられる。

(3)　**分別収集に対する住民意識**

アンケート調査の単純集計結果を以下に示す。

a.**分別収集継続による意識変化と分別目的**（図-1.16）　　分別収集に分別収集開

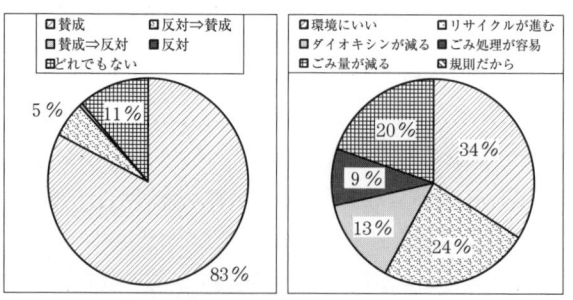

図-1.16　分別収集継続による意識変化と分別目的

始前から賛成の人と，分別収集開始前は反対であったが賛成に変化した人の合計は約 90 ％と分別収集に対する意識の高さが伺える。一方，分別収集の目的はごみ減量化（ごみが減る）であると答えた人は少なく，環境にいいという漠然とした理由をあげる人が多い。ここでは，住民が最も強く感じている分別目的を把握するために回答は複数回答とせず，1 つのみを選択してもらった。

b.分別収集の継続による行動変化（図-1.17） 　分別収集の継続によって環境問題等に興味を持ったと思う人は約 9 割と高く，環境問題全般への意識の変化が見られる。これらのことから分別排出することが，環境問題への興味・関心を高めていると考えられる。

しかし，プラスチック容器の購入量を抑制したり，リサイクル商品を購入したりという環境配慮行動を実行していると答えた人は半数以下であり，プラスチック容器の購入・排出抑制にはつながっていない。

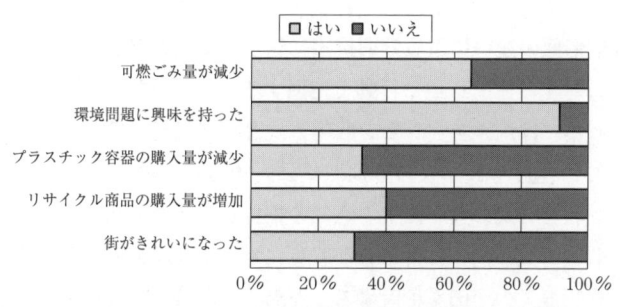

図-1.17　分別収集の継続による行動変化

c.分別排出での規則違反（図-1.18） 　分別排出時に異物を混入させたことがある人は 17 ％であった。しかし，実態調査での異物の含有率が 3 割を超えており，異物を混入させたことがある人が常に異物を混入しているとしても，実態調査で得られた異物の含有率の方が 2 倍程度高い。また，異物を混入させたことがある人が，異物を常に混入しているわけではないため，平均すると異物の含有率はさらに小さくなると考えられるが，実際の異物含有率は高い。

これらのことから，住民は分別対象外のものと自覚せずに異物を排出していることがわかる。すなわち，異物と分別対象物の区別がついていないのである。

また，可燃ごみにプラスチック容器を混入したことがある人は 50 ％以上であ

った。分別収集に賛成している人が多いにも関わらず，実際は可燃ごみとしてプラスチック容器を排出していることから，必ずしも賛成している人が正確な分別排出を行っているわけではないことがわかる。

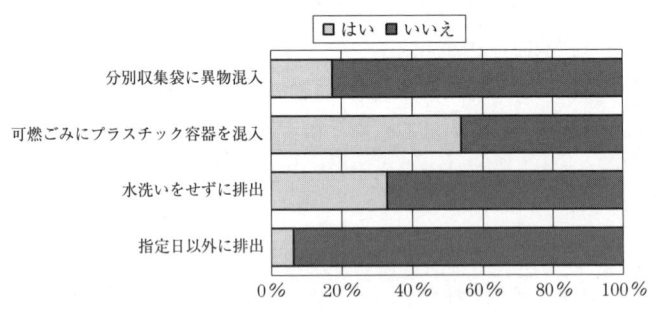

図-1.18　分別排出での規則違反

（4）住居形態の違いによる分別排出に対する意識の相違

　分別収集に対する住民意識や行動を把握するという研究[10～14]は多数行われている。分別収集には，ステーション収集方式と戸別収集方式があり，収集方式の違いによって，住民1人1人の分別収集に対する意識の相違があると考えられる。しかし，収集方式の違いによる意識の把握を行った研究はあまりない。

　そこで，収集方式の違いによる分別収集に対する意識把握を行い，収集方式の違いによる異物混入の要因を検討する。なお，分別収集実施地区では戸別収集方式は一戸建て住宅であり，ステーション収集方式（回収ボックス）は集合住宅で行われているため，住居形態の違いが収集方式の違いとなる。

a.住居形態と分別収集での困難な点（図-1.19）　　分別排出が困難な点として保管場所がないと答えた人はマンションで多く，一戸建ての人と比較して，2倍以上となった。一方，一戸建ての人は困っていることはないと答えた人が多かった。これは，マンションは一戸建てよりも余裕スペースが少ないことによる。

b.住居形態と分別収集での異物混入（図-1.20）　　分別収集で異物を混入したことがある人は一戸建てが多く，マンションは少ない。これは，マンションでは管理人がステーションの管理を行っていることから，異物混入しにくいためであると考えられる。

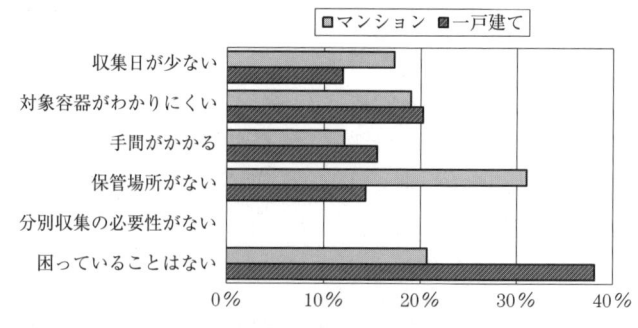

1.4 分別収集細分化により生じる異物混入

図-1.19 分別排出時に困ること(住居形態別)

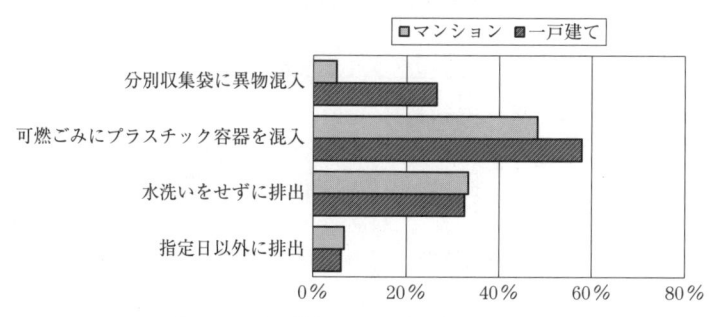

図-1.20 分別排出での規則違反(住居形態別)

一方，一戸建ての住民は，「困っていることがない」と回答したにも関わらず正確に分別収集が行われていない。一戸建てはプラスチック容器を戸別回収しており，異物の混入された袋でもとくにチェックせずそのまま回収業者が回収するため，異物を入れても指摘されず，異物混入を抑制できないことにつながっていると考えられる。

1.4.3 分別収集実施地区と未実施地区の住民意識の違い

分別収集実施地区と未実施地区の分別収集に対する住民意識の違いを把握し，それにより異物混入にどのような住民意識が影響を与えているのかを検討した。分別収集未実施地区におけるアンケート調査の概要は分別収集実施地区とほぼ同様なものである(**表-1.8**)。

第1章 リサイクル促進を目指した分別細分化によりもたらされた意識変化

分別排出時に困ることで，未実施地区に比較して実施地区でより多くの割合の人が指摘しているのは，「保管場所がない」ことである（図-1.21）。分別収集開始前では可燃ごみとして週2回出せていたものが，分別収集開始によ

表-1.8 分別収集未実施地区へのアンケート調査概要

調査対象地区	B市内の分別収集未実施地区
調査世帯数	336世帯
回答世帯数	141世帯（戸建住宅のみ）
回収率	42%

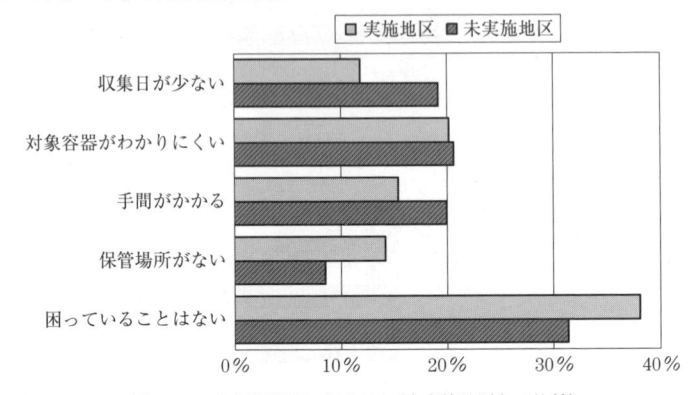

図-1.21 分別排出時に困ること（未実施地区との比較）

り月1回に減少したため，これが，異物混入を生じさせる一因となっている。

また，可燃ごみ量が減少する，（一度にたくさんのごみが出されなくなって）街がきれいになるといった，分別によって目に見える効果があると答えた人は，実施地区より未実施地区の方が多い（図-1.22）。このことより，実際には，分別収

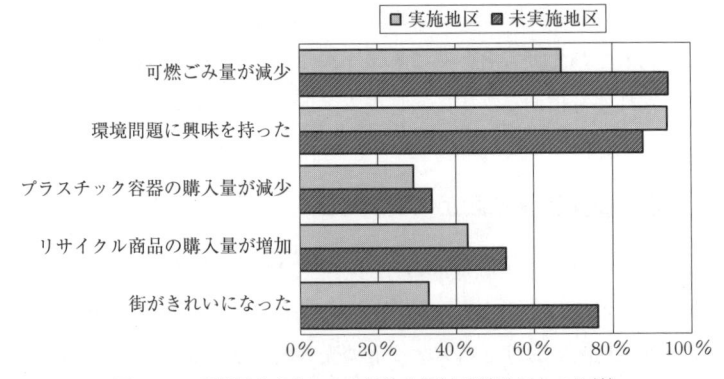

図-1.22 分別収集実施による行動変化（未実施地区との比較）

集による明確な効果があまり住民に実感されていないことがわかる。

以上のことから，住民にとって目に見える効果が現れないことが，分別排出に対しての意欲を低下させ，異物を混入してしまうことにつながっていると考えられる。このことは，分別収集開始1年後から，異物混入率が増加したことにも現れている。

1.4.4 異物混入が生じる理由と対応策

多くの市民は分別収集に賛成（約90％）であるが，分別収集の目的を漠然としか捉えておらず，プラスチック容器の購入を抑制したり，リサイクル商品を積極的に購入したりするような能動的な環境配慮行動にはつながっていない。

異物を混入したことがあると回答した住民が17％で，実際の異物混入割合が30％以上と高いことから，住民は分別対象外のものと自覚せずに異物を排出していることが伺える。

ステーション収集方式の場合，マンションでは管理人がステーション管理を行っているため異物が混入しにくい。一方，一戸建ての住民はプラスチック容器を戸別排出し，異物の混入が認められた袋でも，回収業者が袋を回収するため，異物を入れても指摘されることがない。これが異物混入を防止しにくいことにつながっている。

分別収集実施地区と未実施地区では，分別排出時に困ることについての意識の差があった。分別収集実施前には予期できない問題が分別収集への協力意識を薄れさせ，異物混入を引き起こす一要因となっている。また，実施前に期待していた明確な効果が分別収集を実施しても得られにくいことも，分別排出に対する意欲を低下させ，分別排出がおろそかになる要因である。

それでは，どのようにすれば，異物の混入を抑制できるのであろうか？　今回の調査結果より導き出した提案を以下に示す。

① 行政側は分別対象品目が住民に理解されやすくするために，わかりやすいパンフレット作りや自治会等での説明会を実施し，分別収集品目に対する情報発信をすること。

② メーカー側は多様化するプラスチック製品をなるべく統一化するとともに，使用素材を住民にわかりやすく表示すること。

第1章　リサイクル促進を目指した分別細分化によりもたらされた意識変化

③　異物の混入が認められた袋については，回収しないなどの措置をとり，住民自身が異物混入はルール違反であることを自覚できるようにすること。さらに，当番制などによる収集場所の管理体制を整えること。

④　分別収集実施前に，行政側からマテリアルリサイクルのために正確な分別が必要なことや，リサイクル率向上によるごみ減量効果などについて，住民側に十分認識させたうえで，分別排出への参加を要請すること。

そして，これら提案を実行するには，行政・住民・事業者3者の各役割を明確にし，実施面でのきめ細かな対策を強化するべきである。

参考文献

1) 高月紘:ごみの減量化とライフスタイルの変革, 廃棄物学会誌, Vol. 3, No. 4, pp. 251-259, 1992.
2) 森下研:廃棄物処理におけるエコラベルとグリーン購入の役割, 廃棄物学会誌, Vol. 7, No. 6, pp. 480-484, 1996.
3) エネルギー・資源学会, 地球環境関西フォーラム, 1996.
4) 宮松一郎, 山川肇, 寺島泰:資源分別収集がリサイクル意識と行動に及ぼす影響, 第7回廃棄物学会研究発表会講演論文集, pp. 61-63, 1996.
5) 谷口吉光:住民の分別収集に対する動機づけの日米比較, リサイクルシステムに関するヨーロッパ調査報告書, 第4回廃棄物学会研究発表会講演論文集, pp. 37-40, 1993.
6) 谷口吉光, 孫泰翼, 南宮玩:分別収集に関する住民の意識と行動:日本, 韓国, 米国の比較, 第6回廃棄物学会研究発表会講演論文集, pp. 43-45, 1995.
7) 和田安彦, 三浦浩之, 中野加都子, 原 栄一:家庭ごみ収集分別化による意識変化, 行動変化に関する研究, 土木学会環境システム研究論文集, Vol. 25, 1997.
8) 広瀬幸雄:環境配慮的行動の規定因について, 社会心理学研究, Vol. 10, No. 1, pp. 44-55, 1994.
9) 和田安彦, 三浦浩之, 中野加都子, 原栄一:家庭ごみ収集分別化による市民の意識変化, 行動変化に関する研究, 土木学会環境システム研究論文集, 25, pp. 249-260, 1997.10.
10) 環境省ホームページ:http://www.env.go.jp/recycle/yoki/jisseki_h12/02.html.
11) 杉浦淳吉, 野波寛, 広瀬幸雄:資源ごみ分別制度への住民評価におよぼす情報接触と分別行動の効果, 廃棄物学会誌 Vol. 10, No. 2, pp. 87, 1999.
12) 小泉明, 小田原康介, 谷川昇, 及川智:都市ごみの排出実態と減量化意識に関する数量化分析, 廃棄物学会誌 Vol. 12, No. 1, pp. 17, 2001.
13) 野波寛, 杉浦淳吉, 大沼進, 広瀬幸雄, 山川肇:ごみ分別行動の規定因, 第5回廃棄物学会発表会講演論文集 4-10, pp. 142-145, 1994.
14) 谷口吉光, 孫泰翼, 南宮玩:分別収集に関する住民の意識と行動:日本, 韓国, 米国の比較, 第6回廃棄物学会発表会講演論文集 2-3, pp. 43-45, 1995.
15) 植田和弘, 小泉春洋, 福岡雅子, 後藤久美子, 松岡浩史, 林孝昌:販売システムと容器包装ごみに関する研究, 第11回廃棄物学会発表会講演論文集 1-7, pp. 18-20, 2000.

第2章　市民が受け入れられるリサイクルとは
―― PET ボトルリサイクルから考える

2.1　PET ボトルリサイクルの現状と課題

2.1.1　現　　状

　現在，使用済み PET ボトルは，分別収集や拠点回収により主に自治体が回収し，再資源化あるいは処理されている。PET ボトル再資源化は，『容器包装リサイクル法』のもとに 1997 年度から進められており，法施行前は 10 ％[1]を下回っていた回収率(＝分別収集量/PET ボトル用樹脂生産量)は，2004 年度では62.3 ％を達成している。PET ボトルリサイクル推進協議会によると，2004 年の回収率は，欧州 31.5 ％(推定)，米国 21.2 ％(推定)で，日本はこれまでどおり世界最高水準をキープしていると報告されている(図-2.1)。

　回収率の上昇と同時に，PET 樹脂生産量も増えていることから，図-2.2 に示すように回収量も年々増加している。なお，事業系回収とはスーパーマーケット，コンビニエンスストア，自販機，鉄道駅，高速道路の SA 等から主に事業者によって回収され，国内で再商品化または輸出されているものが対象となる。

　回収された PET ボトルの再商品化の具体的方法は，

① プラスチック原料等となるフレークまたはペレットを得ること(マテリアルリサイクル)，

② PET ボトル等の原料となるポリエステル原料を得ること(ケミカルリサイクル)，

である。

　マテリアルリサイクルとは，廃棄された使用済みの材料を製品の原材料として

第2章 市民が受け入れられるリサイクルとは―PETボトルリサイクルから考える

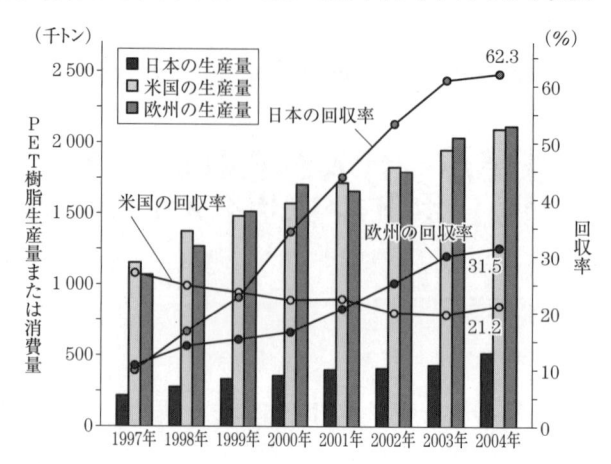

図-2.1 日米欧のPETボトルリサイクル状況比較（PETボトルリサイクル推進協議会，2005年度報告書）

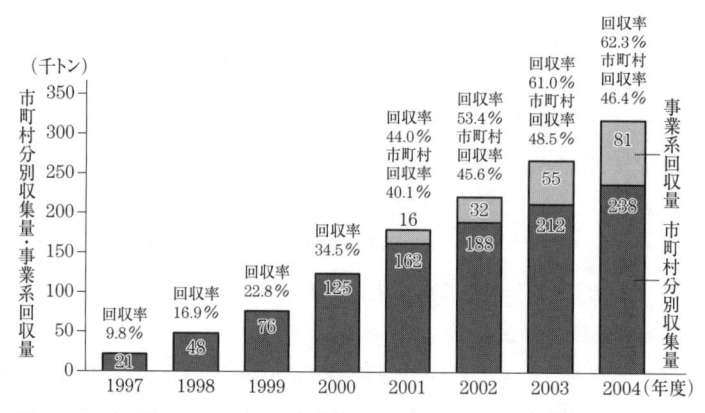

図-2.2 PETボトルのリサイクル概況（PETボトルリサイクル推進協議会，2005年度報告書）

利用するように再生加工する手法である．ケミカルリサイクルとは，廃棄されたプラスチック材料を化学的に処理して，製品の化学原料としてリサイクルすることである．

PETボトルは，マテリアルリサイクル，ケミカルリサイクルによって繊維やシート等に再商品化されている．平成13～15年度の再商品化製品の内訳を**表-2.1**に示す．再商品化製品は，衣料品やカーペット等の繊維製品と卵パック等のシー

32

2.1 PETボトルリサイクルの現状と課題

ト製品で大半を占めている。また，平成14年度からは，ケミカルリサイクルによって再びPETボトルに再商品化するリサイクル＝ボトル to ボトルのリサイクルが取り入れられ，翌年には本格的にスタートしたことから，その割合が大きく増えている。

表-2.1 PETボトル再商品化製品の内訳

用途	13年度	14年度	15年度
繊維(衣料品，カーペット等)	51.3%	52.4%	46.2%
シート(卵パック等)	39.5%	40.5%	40.2%
成形品(植木鉢等)	5.6%	4.7%	3.2%
PETボトル	0.0%	0.2%	8.7%
その他ボトル(洗剤等)	0.4%	0.4%	0.4%
その他(結束バンド等)	3.2%	1.8%	1.3%

＊第28回中央環境審議会廃棄物・リサイクル部会資料，再商品化手法について。

例えば，大手飲料メーカーの日本コカ・コーラ社と同社の環境マネジメントを担当するあずさ監査法人は，実用化段階に入ったPETボトルのボトル to ボトルのリサイクル技術を活用してPETボトルの完全リサイクルシステムを構築する

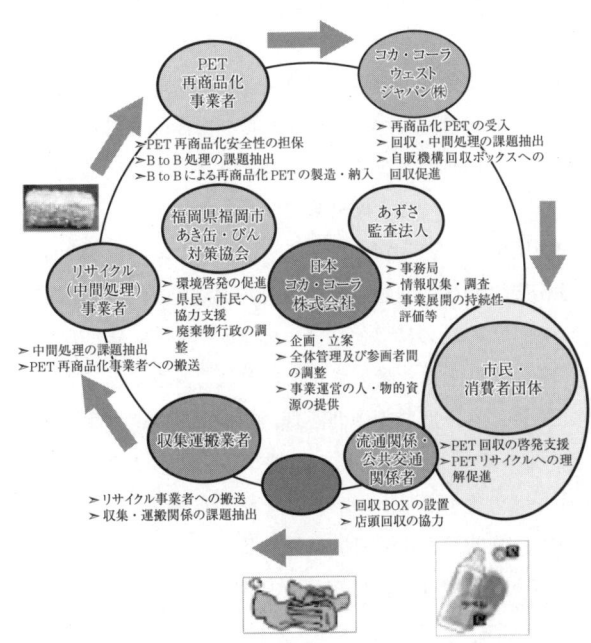

(資料) Japan menber from of KPMG International, a Swiss cooperative. Allrights reserved

図-2.3 事業系PETリサイクルの概要(平成16年版 循環型社会白書)

ための実証実験を行っている。環境省が公募した『エコ・コミュニティ事業』に採択され，この事業を活用して九州北部地区において地元の自治体，NGO・NPOと協働してごみとして廃棄されているPETボトルの回収率を向上させる働きかけを市民に対して行い，クローズドループリサイクルの入り口であるPETボトルの回収について，効率的な回収の仕組みを創ることを目指している。

　また，海外ではPETボトルのリユース(リターナブルボトルの使用)も行われている。使用済みPETボトルのリサイクルはヨーロッパを中心に44ヶ国が実施している。このうち，マテリアルリサイクルが31ヶ国，リターナブルボトルを実施しているのがドイツやオーストリア，ベルギー，タイ，フィリピン等の20か国である(環境goo ペットボトルリサイクルQ&A解説)。

2.1.2　PETボトルのリサイクル

　PETボトルの回収率は向上しているものの，近年，PETボトルの生産量も増加しており[1]，それに伴いリサイクルされる使用済みPETボトルの量も増加することから，再生される製品の需要を確保することが重要になっている。

　まず考えられるのが，表-2.1に示した主要な再商品化製品の流通・販売・購入を促すことである。これがうまく進むには市民がこのような再商品化製品を積極的に選択して購入していくことが必要である。

　その次には，使用済みPETボトルを再びPETボトルの資源とすることである。これができれば需要に関する問題は解消され，循環型社会形成に向けて有効な手段となる。しかし，そのためには使用済みのPETボトルを利用したPETボトルが十分に市民に受け入れられ，購入されなければならない。また，PETボトルをリサイクルする場合にも，回収や中間処理，再商品化等の過程においてバージン材からのPETボトルの製造時と同様，石油や電力等のエネルギー資源を消費する。これに伴う環境負荷やコストがバージン材から製造するよりも高環境負荷・高コストであってはリサイクルの意義に反する。

　そこで，PETボトルリサイクルに関して，循環型社会の形成のために，次の2つの視点から考察した。

①　PETボトル再商品化製品が市民に受け入れられるための製品開発のあり方，

② PETボトルから再びPETボトルを製造するクローズドシステムを前提とし，環境負荷・コストだけではなく，再生PETボトル飲料に対する利用の市民意識も考慮したリサイクルのあり方．

後者では，ボトルtoボトルを行う「リサイクルPETボトル」とリユースを行う「リユースPETボトル」，さらに比較のためにリサイクルを行わない「バージン材PETボトル」の3つのケースを想定し，3者の環境負荷とコストを比較した．また，市民を対象として再商品化製品やリサイクルPETボトルとリユースPETボトルについて意識調査を行い，両者が実現した場合に受け入れられるかを調査した．そして，環境負荷，コストの算出結果と市民の意識から総合評価を行い，「バージン材PETボトル」，「リサイクルPETボトル」，「リユースPETボトル」の3者を比較し，今後のPETボトルリサイクルの方向性について検討した．

2.2　PETボトル再商品化製品が市民に受け入れられるための製品開発のあり方

PETボトルの資源循環を順調に進めるためには，その過程において低環境負荷・低コストであることが要求されるが，同時に，使用済みPETボトルから製造される再商品化製品が十分に消費者に認知され，購入時に選択されることが不可欠である．『容器包装リサイクル法』の目的の一つに循環型社会の形成があり，PETボトルが1度飲料用容器として使用された後も資源として循環するためには，消費者の求めているもの，商品の品質の条件を探ることが重要である．

PETボトルのリサイクルは再商品化製品を製造することで完結するものではない．消費者に購入され，使用されることで循環型社会が成立する．しかし，再生ペット樹脂から製造された製品が消費者にあまり受け入れられていない可能性があることから，資源の循環のために，作り手側の視点からの商品開発ではなく，消費者に必要とされる商品を開発する必要がある．

ここでは，PETボトルから再生される4つの商品を例にあげ，消費者が商品を購入する時にどのような要素(価格，機能性，見た目，手触り，環境へのやさしさ)を重要視しているのかを探り，そこから今後の再商品化製品の開発方向を提案していく．

第2章 市民が受け入れられるリサイクルとは――PETボトルリサイクルから考える

2.2.1 PETボトルのリサイクルに対する市民の意識

消費者がPETボトルのリサイクルについてどのように捉えているのか，どのような再商品化製品であれば購入されるのかを探る目的で行った。

具体的には，PETボトルをリサイクルすることをどのように考えているのか，協力をしているのかを聞くことでリサイクルの捉え方を調査する。また，PETボトルからの再商品化製品が認知されているのか，購入されているのかを聞くことで現在の再商品化製品の位置付けを行う。さらに消費者が何を重視して商品を購入しているのかを調査し，今後の再商品化製品の開発方向を探る。

アンケート調査は，幅広い年代の意見を得るために吹田市内の市民，および関西大学工学部の学生を対象に行った。加えて，分別の方法が異なる広島市にある広島修道大学の学生を対象に行った。吹田市民に対する調査の実施日は平成14年11月30日，12月6日，関西大学および広島修道大学の学生に対しては12月中にアンケート用紙を渡し，後日回収を行った。回答数は332，有効回答数は308である。属性について図-2.4に示す。女性と男性の数はほぼ半数ずつであ

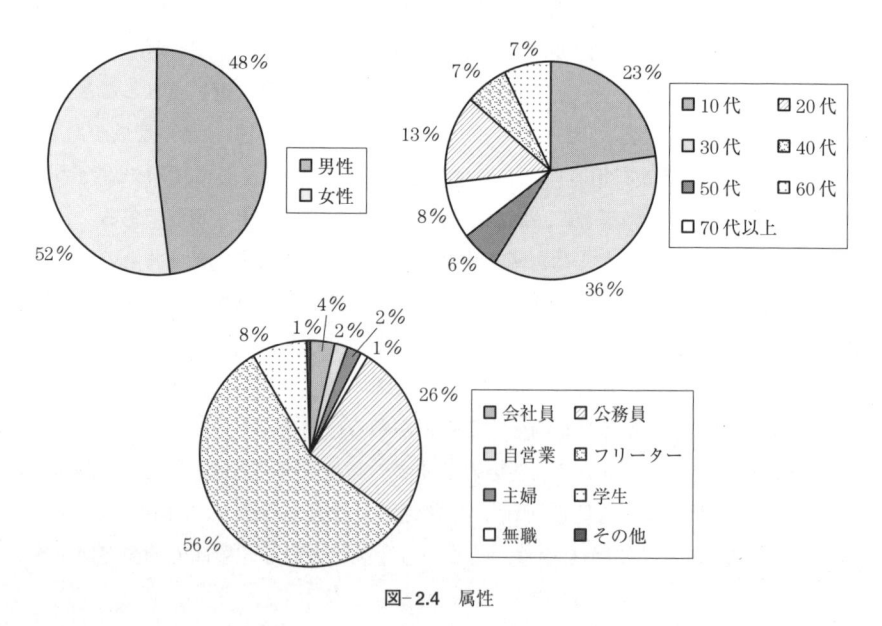

図-2.4 属性

2.2 PETボトル再商品化製品が市民に受け入れられるための製品開発のあり方

る。年代は20代が最も多く，次いで10代，50代の順に多い。アンケート対象者の職業は学生が最も多く，次いで主婦となっている。

吹田市ではPETボトルの分別収集を行っていないため，市民が自主的に店頭の回収ボックスへ持って行くことが求められている。一方，広島市では市による分別収集が平成13年度4月から始まっている。

リサイクルに対する人々の意識を図-2.5に示す。「資源の有効利用になるのでよい」と「ごみになる量を減らせるから有効だ」と考えている人が多いが，「PETボトルの製造の抑制にはならない」や「関心がない」，「リサイクルしても最後にごみになるのは変わらないから意味がない」と答えている人もいた。

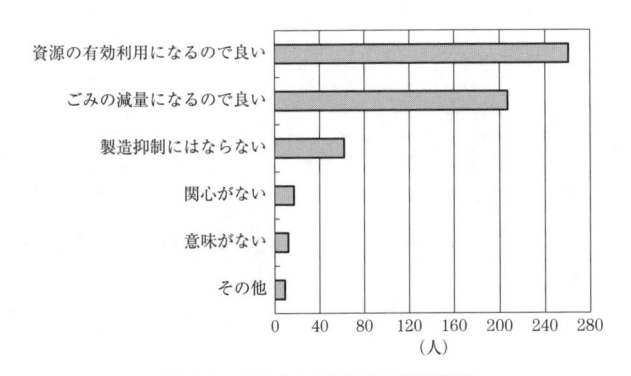

図-2.5 リサイクルに対する市民意識

PETボトルをリサイクルするには市民の回収への協力が不可欠であるが，回収に協力をしているかと尋ねたところ，リサイクルに否定的な人は少数にも関わらず，3割以上の人は協力していない（できない）と回答している（図-2.6, 2.7）。また，わずかではあるが，分別収集を行っていない吹田市民の方が「協力していない（できない）」と回答した人が多い。「協力していない（できない）」理由には分別収集をしているかいないかに関わらず「面倒だから」と回答した人が最も多い。しかし，分別収集を行っていない吹田市民には「回収している場所がわからない」(32%)と回答した人も多く，回収する側のPR不足がある。

PETボトルのリサイクルに対する意識の高い人は，PETボトルの回収に協力的であり，再生商品についてもよく知っている。そのため，PETボトルの回収をさらに進め，再生商品に対しての関心を高めるためには，PETボトルのリサイク

第2章 市民が受け入れられるリサイクルとは—PETボトルリサイクルから考える

■協力している ■協力していない

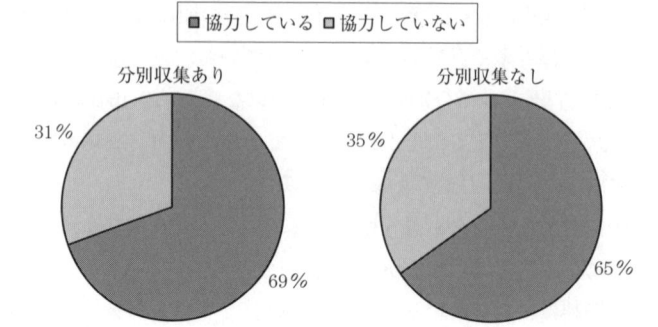

分別収集あり
31%
69%

分別収集なし
35%
65%

図-2.6 PETボトルの回収への協力

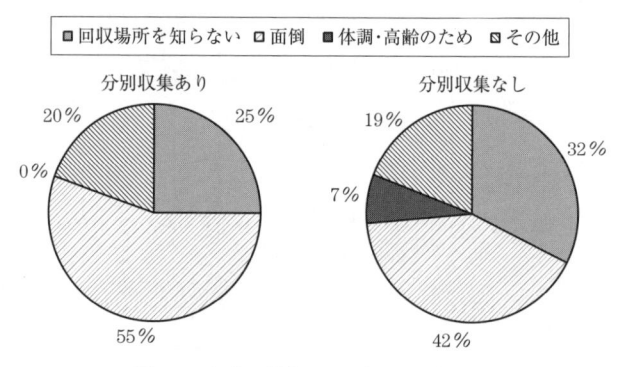

■回収場所を知らない ■面倒 ■体調・高齢のため ■その他

分別収集あり
20% 25%
0%
55%

分別収集なし
19% 32%
7%
42%

図-2.7 回収に協力しない(できない)理由

ルの必要性を住民に浸透させることが有効である。

　PETボトルをその他のごみと分別することが面倒と感じている住民には，社会が直面している事態の深刻さや状況を伝え，意識の向上を図る必要がある。また，PETボトルを回収ボックスへ持って行くことが面倒だと感じている住民のためには，回収ボックスの設置箇所を増やす必要がある。設置箇所を増やすとコストの問題が生じるが，現在でも店舗によって，ボランティアの人たちがPETボトルの回収に携わっているところがあり，有効な方策である。さらに，現在はスーパーマーケットによっても設置している店舗としていない店舗があり，PETボトル商品を取り扱っている店舗すべてに設置を義務づけることや，駅等の人々がよく利用する施設に回収ボックスを設置するのも一つの方策である。これは，「回

2.2 PETボトル再商品化製品が市民に受け入れられるための製品開発のあり方

収している場所がわからない」という住民への対策にもなる。

2.2.2　PETボトル再商品化製品に対する意識

（1）　再商品化製品に対する市民の認知

PETボトルの再商品化製品の認知されている割合を図-2.8に示す。PETボトルからどのような再商品化製品が作られているか知っているかを尋ねたところ，74％の人が知っていると答えた。さらに，それらの人々はテレビや新聞・雑誌といったメディアを通して知った人が多い（図-2.9）。

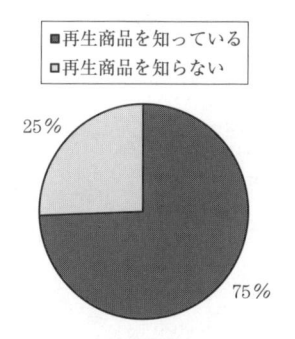

図-2.8　再商品化製品の認知度 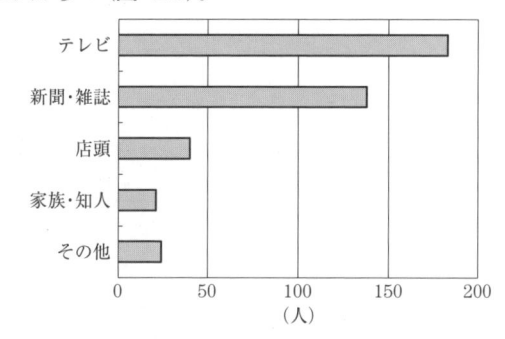　　図-2.9　再商品化製品を知ったもの

さらに，どのような再商品化製品を知っているかを尋ねた。「商品ごとの認知度」を図-2.10に示す。再商品化製品として「フリース」が最もよく知られており，続いて「シャツ」，「三角コーナー・排水口用水切りごみ袋」の順であった。

しかし，再商品化製品を知っていた人の中で，再商品化製品を購入した人は半数に満たない（図-2.11）。購入しなかった人にその理由を尋ねたところ，「欲しいものではなかったから」，「どの商品が再商品化製品であるかわからなかったから」という意見が多い（図-2.12）。ヒアリングによると，再商品化製品にはその表示が義務づけられておらず，PRが不足している。

（2）　再商品化製品に対する市民の意識

4つの再商品化製品（三角コーナー・排水口用水切りごみ袋，文房具，カーペット，ワイシャツ）を購入すると仮定した場合，それらの再商品化製品をバージン材から製造した商品と比較した場合，どのような条件（表-2.2）であれば購入す

第2章 市民が受け入れられるリサイクルとは― PET ボトルリサイクルから考える

図-2.10 商品ごとの認知度

図-2.11 再商品化製品を購入した割合

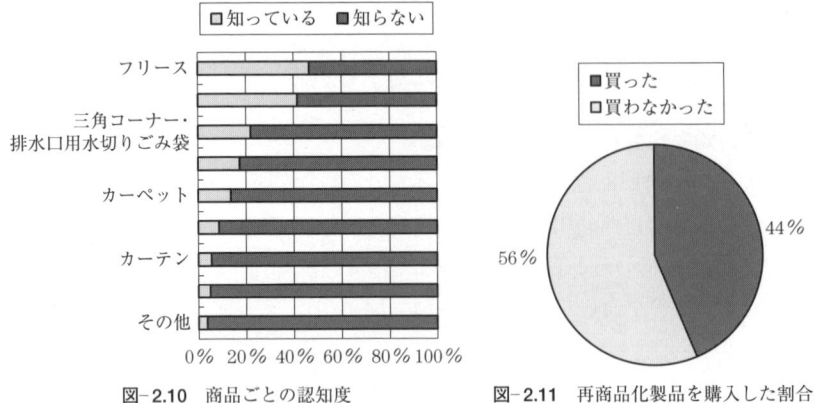

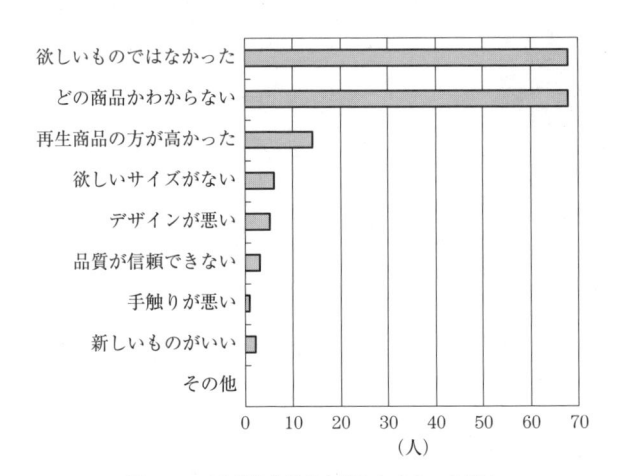

図-2.12 再商品化製品を購入しなかった理由

るかを尋ねた。

結果の1例として,「三角コーナー・排水口用水切りごみ袋」でのものを図-2.13に示す。いずれの商品であっても,バージン材からの商品と比べて,「価格が同じで品質も同じ」や「価格が安く品質は同じ」といった条件であれば再商品化製品を購入してもよいと回答した人が多数である。その次に多かったのは,「価格は安く品質は劣る」条件のものである。このことから,多くの人が,再商品化製品がバージン材から製造した商品よりも「安い」または「同じ」価格で品質は「同じ」であることを求めていることがわかる。

2.2 PETボトル再商品化製品が市民に受け入れられるための製品開発のあり方

表-2.2 再商品化製品の条件

	条件1	条件2	条件3	条件4	条件5	条件6
価格	高い	高い	同じ	同じ	安い	安い
品質	同じ	劣る	同じ	劣る	同じ	劣る

条件1「再商品化製品の価格がバージン材から製造した商品よりも高く，再商品化製品の品質はバージン材から製造した商品と同じ」であるという条件を示している。

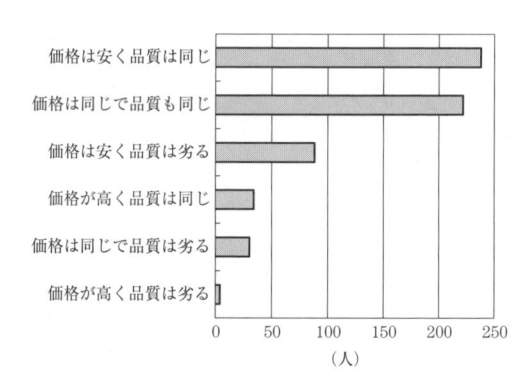

図-2.13 再商品化製品「三角コーナー・排水口用水切りごみ袋」を購入しても良い条件

（3） PETボトルの回収への協力状況による意識の違い

PETボトルの回収への協力をしている人と，していない人での，「再商品化製品を知っているか」，「再商品化製品を購入したことがあるか」，「PETボトルの排出ルールに従っているか」の3つの質問に対する回答の違いを図-2.14に示す。

協力をしている人の方が，していない人よりも「再商品化製品を知っている」，「再商品化製品を購入した」，「ルールに従っている」と回答した割合が13ポイントから26ポイント多い。

（4） 性別による違い

「PETボトルの回収に協力しているか」，「再商品化製品を知っているか」，「再商品化製品を購入したか」，「住んでいる市区町村の分別収集に従ってPETボトルを排出しているか」の4つの質問に対する回答の性別による違いを図-2.15に示す。

第 2 章　市民が受け入れられるリサイクルとは — PET ボトルリサイクルから考える

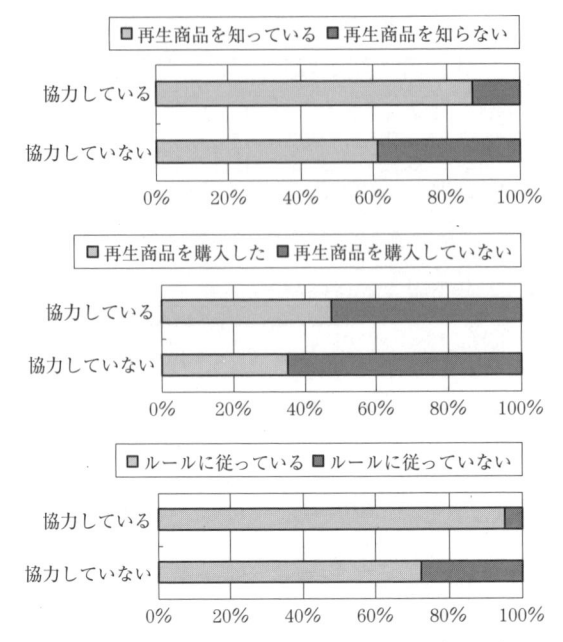

図-2.14　PET ボトル回収への協力の違いによる意識の違い

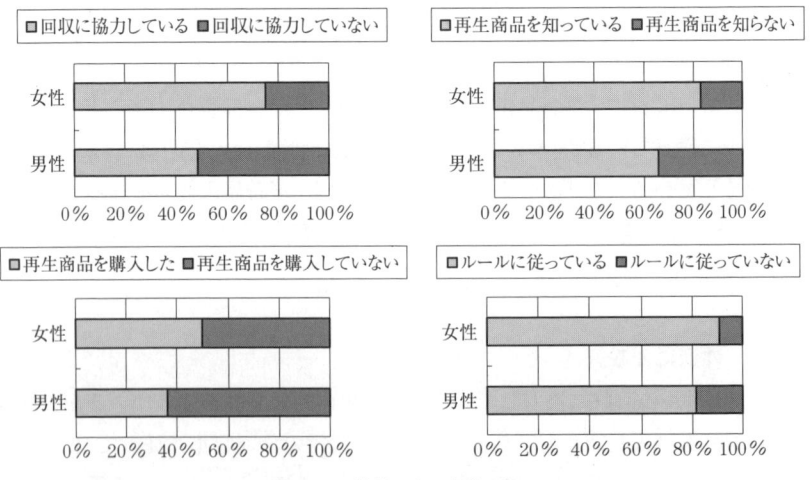

図-2.15　性別による意識の違い

「回収に協力しているか」で「協力している」と回答した女性は男性よりも割合にして26ポイント多い。同様に「再商品化製品を知っているか」では「知っている」と回答した女性が17ポイント，「再商品化製品を購入した」，「分別のルールに従ってPETボトルを排出している」人も女性の方が割合にして10ポイント前後多い。

これらのことから，女性の方が男性よりもPETボトルのリサイクルに対して関心が高いことがわかる。

（5） 再商品化製品に対する意識

PETボトルを現在の方法でリサイクルすることに対して肯定的な意識を持っている人は多い。しかし，依然として，約3割の人は「PETボトルを回収している場所がわからない」と答えている。回収手段のPRはまだまだ不足しているようである。

再商品化製品については，どのような製品があるかを知っている人は7割を超えており，認知されているといえる。しかし，そのうち，実際に購入した人は半数以下であり，「どの商品が再商品化製品であるかわからない」という問題が示されている。

再生商品の認知度は高かったが，購入した人が少ないことの要因には，人々が購入しようとしている商品種において，再生商品の選択肢が少ないこと，再生商品の商品としての魅力が不足していること，そして再生商品が知られていないことがある。したがって，消費者の選択肢を増やすようにより一層の商品開発とPRが必要である。

2.2.3　PETボトル再商品化製品購買における判断要素

（1）　AHP法による検討手順

消費者が商品を購入する場合，どのような条件を重視しているのかを評価するためにAHP法（Analytic Hierarchy Process：階層分析法）を用いた。AHP法は幾つかの代替案の中から最良のものを選ぶという問題において，人間の主観を取り入れつつ，合理的な決定を促す手法である。

AHP法はまず，解決したい問題を評価基準と代替案にレベル分けを行い，階

層図として表現する．階層図の例を図-2.16に示す．階層図はレベルと，要素と上下の要素を結ぶ線からなる．上の要素を親要素，下の要素を子要素と呼ぶ．

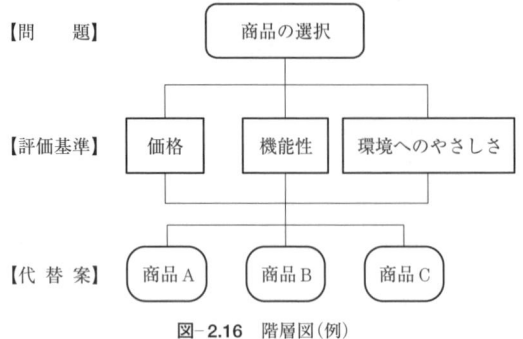

```
【問　題】         商品の選択

【評価基準】    価格   機能性   環境へのやさしさ

【代 替 案】   商品A   商品B   商品C
```

図-2.16　階層図(例)

対象商品として，消耗品として「三角コーナー・排水口用水切りごみ袋」，だれにでも身近な商品として「文房具」，他の再商品化製品に比べ原料として使用するPETボトル量の多い「カーペット」，肌に直に触れる商品として「ワイシャツ」を取り上げた．これらの各商品について購入する際の判断要素を［価格］，［機能性］，［見た目］，［手触り］，［環境へのやさしさ］とし，図-2.17に示す階層図を考えた．アンケートでは特定の商品を選んでもらうことを目的としていないため，図-2.16での代替案の階層は省いた．

次に，要素間の一対比較を行う．アンケート対象者に4つの商品(三角コーナ

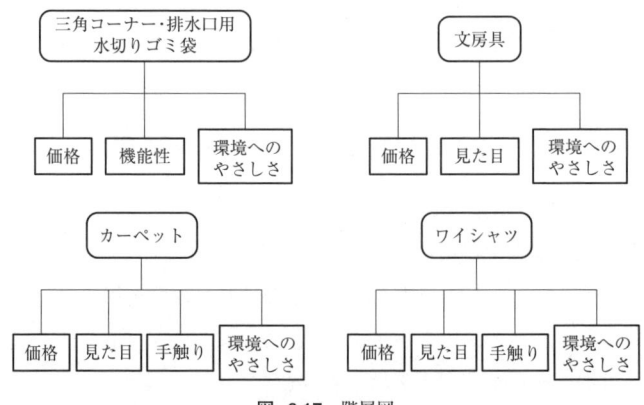

図-2.17　階層図

2.2 PETボトル再商品化製品が市民に受け入れられるための製品開発のあり方

ー，文房具，カーペット，ワイシャツ)について，商品を購入する条件の要素(価格，機能性，見た目，手触り，環境へのやさしさ)を2つずつ比べ，どちらが重要と考えるのかを答えてもらった。重要度を表す値を一対比較値(**表-2.3**)という。商品を購入する際，まず，「価格」と「機能性」を比較して「価格」の方が「機能性」よりも「かなり重要」である場合，「価格」と「機能性」の交点の升に「5」を記入する。同じようにして「価格」の横の欄を完成させる。次に，「価格」の縦の欄に，横の欄で記入した値の逆数を記入する。「機能性」，「環境へのやさしさ」も同様の作業を行う。

表-2.3 一対比較値

一対比較値	意　　味
1	列と行の項目が同じくらい重要
3	列の項目の方が行の方よりやや重要
5	列の項目の方が行の方よりかなり重要
7	列の項目の方が行の方より非常に重要
9	列の項目の方が行の方よりきわめて重要

次に各条件要素の重み付け(ウェイト)を決定する。ウェイトを決定する方法には幾何平均を用いる方法と，固有値を用いる方法がある。今回は幾何平均を用いる方法で計算を行った。各要素間におけるウェイトの算出例を**表-2.4**に示す。

表-2.4 一対比較とウェイトの算出例

	価格	機能性	環境へのやさしさ	幾何平均[*1]	重要度[*2]
価格	1	5	7	3.271	0.715
機能性	1/5	1	5	1.000	0.218
環境へのやさしさ	1/7	1/5	1	0.306	0.067

[*1] 各対角要素を掛けた値の3乗根
[*2] 幾何平均/幾何平均の和

縦の合計 4.577

各レベルの要素間のウェイトが計算されると，この結果を用いて，階層全体のウェイトを決定する。これによって，最終目標に対する各代替案の優先順位(プライオリティ)を決定する。

（2） AHP法による検討結果

「三角コーナー・排水口用水切りごみ袋」では，「見た目」は商品による差は大きくないと考えて階層には加えなかった。同様に「文房具」には商品によって「機能性」に大きな差はないと考え加えなかった。

4つの商品(三角コーナー・排水口用水切りごみ袋，文房具，カーペット，ワイシャツ)について，要素間の一対比較の結果を表-2.5に示す。また，それらをグラフにしたものを図-2.18に示す。

「三角コーナー・排水口用水切りごみ袋」では「価格」が最も重要度が高いが，「機

表-2.5　商品別重要度

要素＼商品	三角コーナー・排水口用水切りごみ袋	文房具	カーペット	ワイシャツ
価　　格	0.360	0.398	0.166	0.203
機 能 性	0.364			
見 た 目		0.332	0.289	0.331
手 触 り			0.385	0.311
環境へのやさしさ	0.277	0.270	0.159	0.156

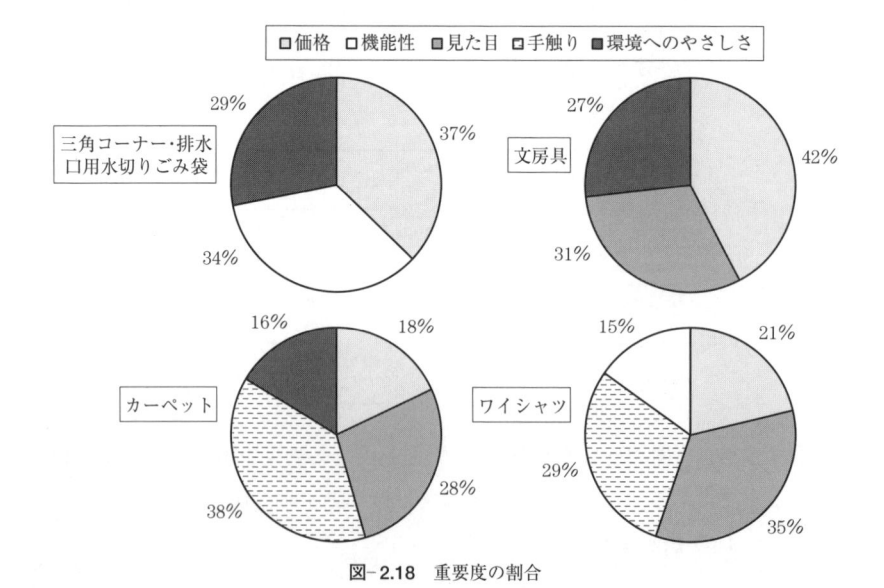

図-2.18　重要度の割合

2.2 PETボトル再商品化製品が市民に受け入れられるための製品開発のあり方

能性」の重要度も高い。「文房具」では「価格」が最も重要度が高い。一方で、「カーペット」では「手触り」の重要度が最も高く、次いで「見た目」の重要度が高い。「ワイシャツ」では「見た目」の重要度が高く、次いで「手触り」の重要度が高い。

このように、「環境へのやさしさ」の要素の重要度はいずれの商品においても低い。結局、消費者が代表的なPETボトル再商品化製品である三角コーナーや文房具等を購入する時の判断には、環境へのやさしさは商品選択においてあまり寄与していないのが現実である。消費者は、再生商品に対して、バージン材から製造した商品と比較して、価格は「同じ」か「安く」、品質は「同じ」ものを求めているのである。

では、どうすれば、PETボトル再商品化製品が消費者に積極的に選択されるようになるのであろうか？　それには、次の3つのアプローチがある。
① 性能はバージン材を用いたものとほぼ同等なものとしつつ、価格はバージン材を用いたものより安くすること．
② 性能はバージン材を用いたものとほぼ同等とし、そのうえで価格はバージン材を用いたものと同じとするために、人々の購買意欲を高められるデザイン(使いやすさ等を含めた)とすること．
③ 「環境へのやさしさ」を他の評価要素と同等かそれ以上に重要視するように、人々の価値観を変えていくこと．

この他に、性能をバージン材からの製品よりも高くするアプローチもあるが、非現実である。

①のアプローチは従来からとられていたものであり、これでは大きな競争力を持てないことは衆目の事実である。したがって、今後の再商品化製品開発では、②のアプローチを重視すべきであろう。何らかの付加価値を製品につけることで、より多くの人々に選択してもらえるようにすることである。

また、今後、再商品化製品を選択していくことが常識となるような社会(市民)を生み出していくには、性能やデザインをバージン材製品と競争できる状況に近づけたうえで、③のアプローチをとることが必要である。しかし、このアプローチは人々の価値観の転換を促すものであるため、その浸透には時間がかかる。

したがって、現実的には、③のアプローチを展開しつつ、②のアプローチを強く進めていくことである。そのためには、再生商品であっても、バージン材から

製造される商品と同様に，消費者のニーズに沿った商品開発が必要である。それにより，商品を購入する時には「環境へのやさしさ」を特に考慮せずに購入する人や，再生商品を購入しようと明確に意識していない消費者にも再生商品が受け入れられるようになる。

さらに，別の面からのアプローチで，PETボトルリサイクルの課題を解決するものがある。それは，PETボトルの消費が今後も拡大するなら，収集した使用済みPETボトルからもう1度PETボトルを製造することである。さらには，PETボトルをリターナブル容器として何度も使用することである。

このような手段が人々に受け入れられるのかについて，次で検討する。

2.3 PETボトルのリユースとケミカルリサイクル

2.3.1 わが国におけるPETボトルのリユースとケミカルリサイクルの現状

飲料用PETボトルは『容器包装リサイクル法』に従い，回収・フレーク化され，それを原料として繊維製品や，シート製品，洗剤のボトル等が作られる，いわゆるマテリアルリサイクルが行われている。

欧州の何か国かにおいてはPETボトル，またはそれに代わるプラスチックボトルのリユースを行っている。日本においては現段階では，衛生面の不安から規制されており，PETボトルのリユース実現の見通しは立っていないが，LCA評価では，PETボトルのリユースを行った方が環境負荷も小さいことが明らかにされている。

一方，使用した飲料用PETボトルを化学的に分解(ケミカルリサイクル)し，再び飲料用PETボトルとして再生するボトルtoボトルが事業化されようとしている。

そこで，ここでは，事業化の見通しの立っているケミカルリサイクルによって作られた飲料用PETボトルと，飲料用PETボトルのリユースに対する消費者意識を調査し，今後の飲料用PETボトルのリユース，リサイクルについて考察を行った。

2.3.2 PETボトルのリユースとケミカルリサイクルの受入れ意識

（1） 調査方法・内容

調査は，PETボトルのケミカルリサイクルとリユースについて，消費者がどのように考えているのか，ボトル to ボトルのリサイクルを推進していくにはどのような対策が必要かを明らかにする目的で行った。

調査内容は，
① 消費者のPETボトルリサイクルの捉え方，
② PETボトルのケミカルリサイクル，リユースの受入れ意思，
③ 受け入れられない場合の理由，
④ リサイクルに対する意識の違いによるケミカルリサイクル，リユースの受入れ意思の差異，

である。

アンケート調査は幅広い年代の意見を得るために吹田市の住民を対象に行った。回答数は148，有効回答数は118である（有効回答率：80％）。アンケート手法として訪問留置法を用いた。ケミカルリサイクルとリユースの説明は表-2.6のようにアンケート用紙に明示している。なお，吹田市ではPETボトルの分別収集は行われておらず，市民が自主的に店頭や公共施設に設置されている回収ボックスへ持って行く方式となっている。

表-2.6 アンケートに用いたPETボトルリサイクルの説明

ケミカルリサイクル：現在は行われていないが，使用済み飲料用PETボトルを化学的に分解し，それを原料として再び飲料用PETボトルを製造する方法。
リユース：現在日本では行われていないが，欧州のいくつかの国では実施されている，使用した飲料用PETボトルを回収・洗浄し，再び飲料水を充填して販売する方法。

回答者属性を図-2.19に示す。女性が多く，男性よりも56ポイント多い。年代は50代が最も多く（32％），次いで40代（23％），60代（14％）の順である。アンケート対象者の職業は主婦が最も多くなった（61％）。

（2） リサイクルに対する意識

現状のビニールシートや衣服類に関するPETボトルリサイクルに対しては，ほ

第 2 章　市民が受け入れられるリサイクルとは ― PET ボトルリサイクルから考える

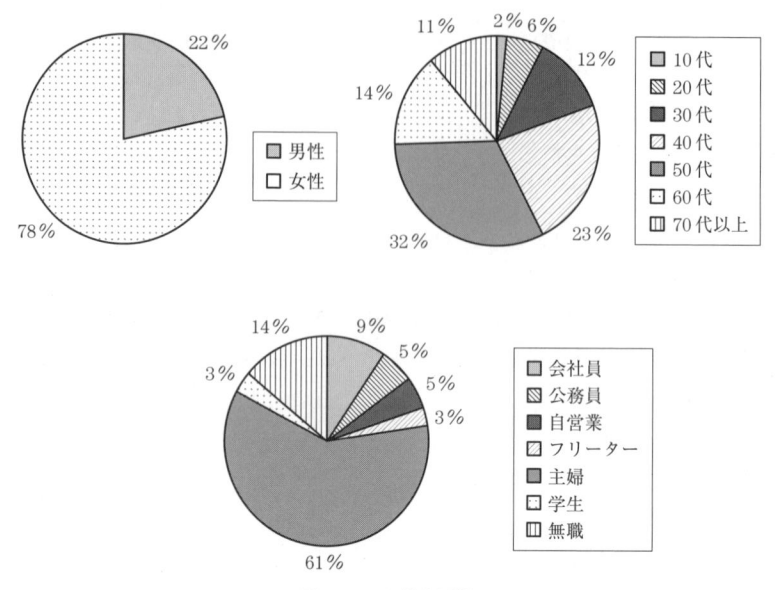

図-2.19　回答者属性

とんどの人が「資源の有効利用になるので良い」，「ごみになる量を減らせるから有効だ」と考えており，リサイクルに対して肯定的な意識を持っている（図-2.20）。否定的な意見は，「リサイクルしても PET ボトル製造の発生抑制にはならない」が最も多いが，その回答割合は低い。

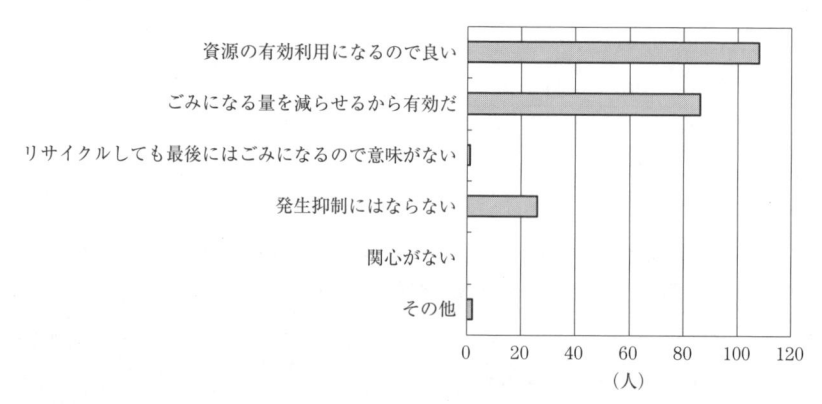

図-2.20　PET ボトルリサイクルに対する意識

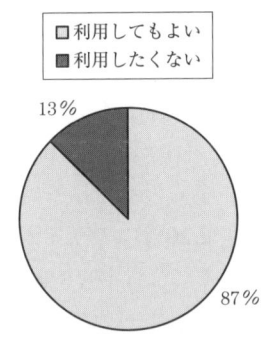

2.3 PETボトルのリユースとケミカルリサイクル

（3） ケミカルリサイクル PET ボトルの受入れ意思

ケミカルリサイクルによって製造された PET ボトルの受入れ意思を図-2.21 に示す。現在の PET ボトルから他の再生製品を製造する場合と同様に，90％近くの人がケミカルリサイクルされた PET ボトルを購入してもよいと答えており，消費者に受け入れられると判断できる。また，利用に難色を示している人の理由のほとんどは，「衛生面・安全性に不安があるから」である。

図-2.22 に性別，年代別での PET ボトルのケミカルリサイクルへの意識を示す。

性別で見ると，わずかに男性が利用してもよいと答えている人が多いが，ほぼ同じ回答割合である。また，男性も女性も 90％近くの人が利用してもよいと考えており，性別による受入れ意思に差は見られない。

年代別で見ると，20 代以下の若い人や 60 代，70 代といった人は利用してもよいと答えた人が多いが，それと比較すると，30 代，40 代では利用したくないと答えた人が多くなっている。しかし，年代による差を検討したが，明確な違いが見られず，今後，なぜ年代により受入れ意思により違いが出るのか検討を行う必要がある。

図-2.21 ケミカルリサイクル PET ボトルに対する受入れ意思

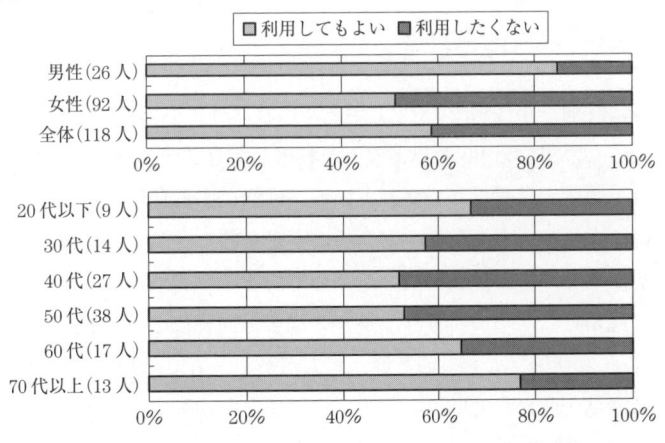

図-2.22 属性ごとのケミカルリサイクルに対する受入れ意思

（4） リユースされたPETボトルの受入れ意思

リユースされたPETボトルの受入れ意思を図-2.23に示す。ケミカルリサイクルPETボトルの場合とは異なり，42％の人がリユースされたPETボトルを利用したくないと答えている。多くの消費者がPETボトルのリサイクル（図-2.20）およびケミカルリサイクル（図-2.21）に対しては肯定的な意見を持っているにも関わらず，リユースについてはその受入れ意思が弱い。理由として最も多かったのは，ケミカルリサイクルと同様に「衛生面・安全面に不安があるから」である（図-2.24）。

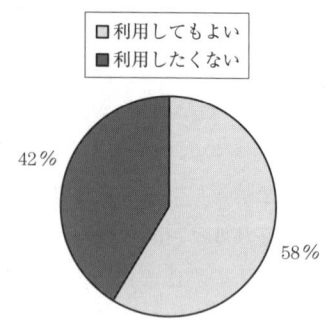

図-2.23　PETボトルのリユースに対する受入れ意思

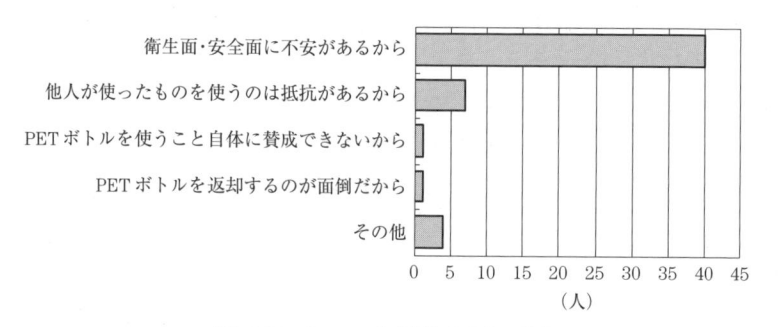

図-2.24　リユースを利用したくない理由

図-2.25に性別，年代別でのPETボトルのリユースへの意思を示す。

性別で見ると，男性は80％以上の人が利用してもよいと答えているのに対し，女性はほぼ半数ずつに意見が分かれている。性別による利用したくない理由を検討した結果，女性の方が衛生面，安全面の不安を強く意識し，かつ他人が使ったものは抵抗があるからと意識しているためである。

年代別で見ると，ケミカルリサイクルの場合と同様に20代以下の若い人や60代，70代の人は利用してもよいと答えた人が多い一方で，40代，50代ではほぼ半数ずつに意見が分かれている。今後，この理由を検討する必要がある。

2.3 PETボトルのリユースとケミカルリサイクル

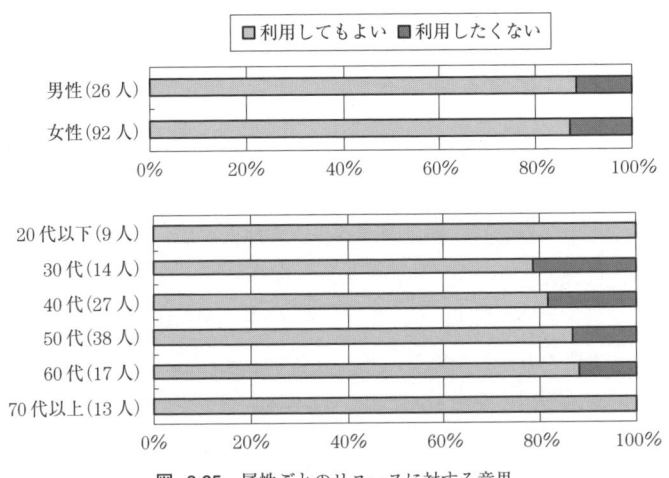

図-2.25 属性ごとのリユースに対する意思

2.3.3 リユースPETボトルの受入れ意思が弱い要因

多くの消費者がPETボトルのリサイクル(図-2.20)およびケミカルリサイクル(図-2.21)に対しては肯定的な意見を持っているにも関わらず，リユースについてはその受入れ意思が弱い。そのため，PETボトルのリサイクルに対する意思とリユースPETボトルの受入れ意思のクロス集計を行った(図-2.26)。

「資源の有効利用になる」や「ごみになる量を減らせる」など，リサイクルに肯定

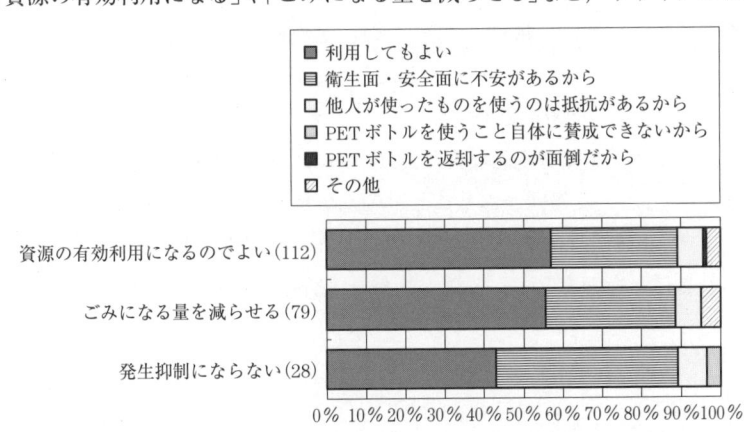

図-2.26 リサイクルに対する意思とリユースに対する受入れ意思

的である人の方が否定的な人よりも，リユースを利用してもよいという回答割合は高い（約 55 ％）。しかし，リサイクルに肯定的な人でも，リユースされた PET ボトルに対しては，「衛生面，安全面に不安がある」と考えている人が約 30 ％程度存在し，リサイクルに否定的な人（発生抑制にはならない）は，肯定的な人よりも「衛生面，安全面に不安がある」と考えている人が多い。ただし，否定的な人のサンプル数が少ないため，さらに調査を行い，傾向を調べる必要がある。

これより，ほとんどの人が PET ボトルのリサイクルは必要と考えているにも関わらず，リユース PET ボトルの受入れ意思が弱い要因には，PET ボトルの使用後は洗浄・殺菌のみが行われるため，飲料水を入れることに衛生面，安全面で不安を感じているためである。

2.3.4　PET ボトルリユースを進めるには

ケミカルリサイクルは事業化されており，リサイクル材により製造された PET ボトルが市場に出たとしても，特段の問題もなく消費者に受け入れられると判断できる。

一方，リユースについては，欧州では導入されているものの，わが国では，消費者意識からも，その衛生面，安全面が確実に保障されることが必要不可欠である。実際，リユース PET ボトルの受入れ意思が弱い要因は，使用後は洗浄・殺菌のみが行われるため，飲料水を入れることに衛生面，安全面で不安を感じているためであった。特に，40 代，50 代といった年齢層にその傾向が顕著に見られた。このことから，将来，リユースを導入する際は，衛生面・安全面を徹底管理するとともにその PR が重要である。

また，リサイクルに肯定的な人は，リユース，ケミカルリサイクルとも「利用してもよい」と答える傾向があることから，リサイクルの必要性，有用性を啓発することで，PET ボトルのリユース・ケミカルリサイクルが市民に受け入れられやすくなることを考慮して，正確な情報を十分浸透させていくことが大切である。

2.4 PETボトルのリサイクル，リユースの環境へのやさしさ評価とコスト評価

PETボトルのリサイクルやリユースを進めるにあたって，これらを行うことがどれだけ環境への負担を減らすのかを明確に消費者に示す必要がある。また，コストがあまりにも高いと現実的ではない。

そこで，PETボトルのリサイクル，リユースの環境へのやさしさをライフサイクルアセスメント(LCA)によりコストをライフサイクルコスト(LCC)により評価した。

対象は，「バージン材PETボトル」，「リサイクルPETボトル」，「リユースPETボトル」の3種とし，それぞれのライフサイクルでの環境負荷とコストを求めた。

2.4.1 ライフサイクルアセスメント(LCA)

（1） 評価の範囲

各PETボトルの評価範囲は，図-2.27～2.29に示すとおり資源採取から焼却までを対象とした。各PETボトルの機能単位を統一するため，評価対象はPETボトル2本とし，いずれの場合も単位重量当りの環境負荷量，コストに換算して評価した。

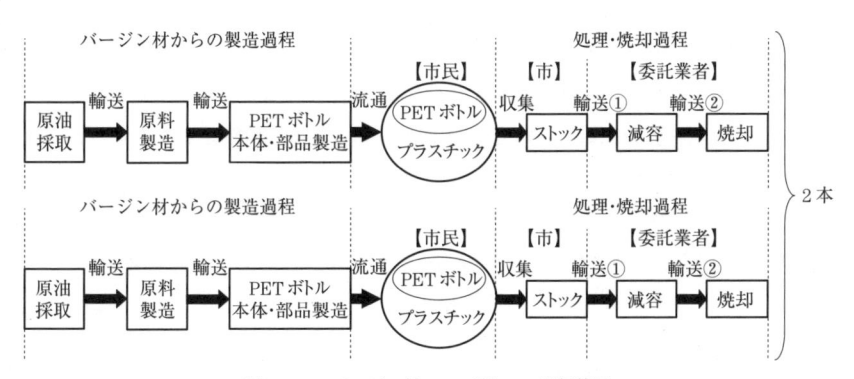

図-2.27 バージン材PETボトルの評価範囲

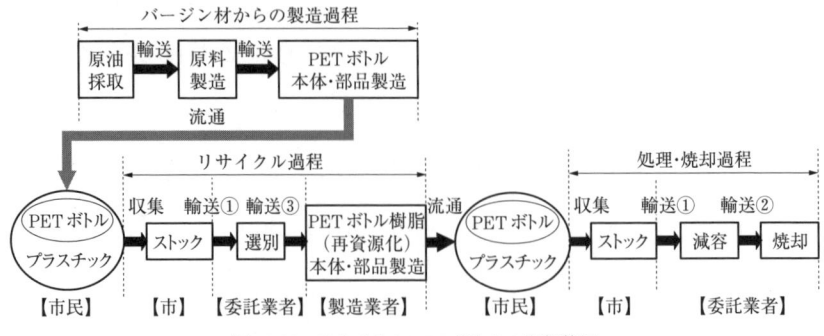

第2章　市民が受け入れられるリサイクルとは—PETボトルリサイクルから考える

図-2.28　リサイクルPETボトルの評価範囲

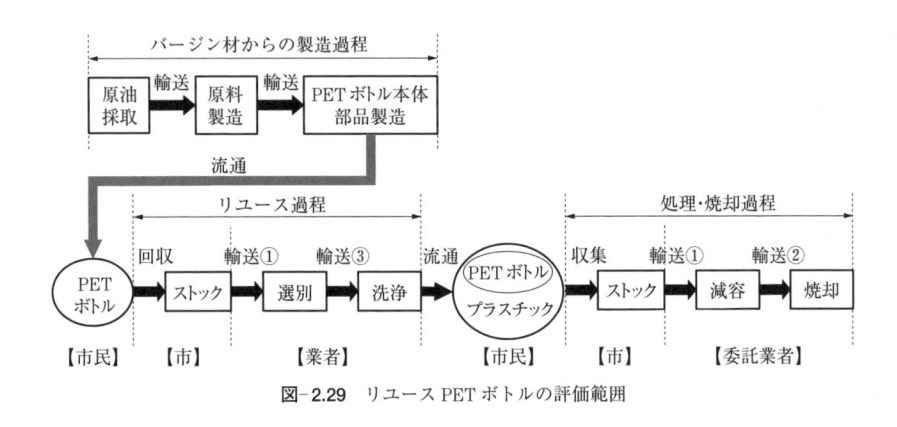

図-2.29　リユースPETボトルの評価範囲

(2)　各PETボトルのLCA評価結果

各PETボトルのLCA評価結果を図-2.30に示す。各PETボトルのCO_2排出量を算出した結果，リユースPETボトルのCO_2排出量が最も少なくなった。また，いずれのケースに置いてもバージン材からのPETボトル製造時および焼却時のCO_2排出量の占める割合が高い。現状のバージン材PETボトルでは，PETボトルの製造および焼却によるCO_2排出量が大きいため，リサイクルPETボトル，リユースPETボトルよりもCO_2排出量がそれぞれ1.5倍，1.8倍多い。

(3)　回収率を考慮したリサイクル，リユースPETボトルのLCA評価

上記したLCA評価は，機能単位としてPETボトル2本として定量した環境負

2.4 PETボトルのリサイクル，リユースの環境へのやさしさ評価とコスト評価

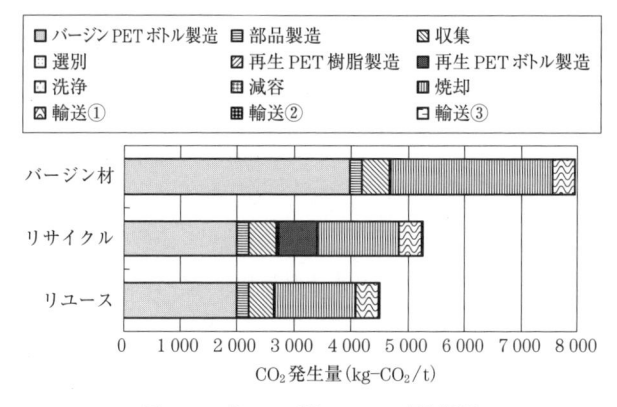

凡例：
- バージンPETボトル製造
- 部品製造
- 収集
- 選別
- 再生PET樹脂製造
- 再生PETボトル製造
- 洗浄
- 減容
- 焼却
- 輸送①
- 輸送②
- 輸送③

図-2.30 各PETボトルのLCA評価結果

荷を単位重量当りに換算して評価したものである。

すなわち，上記の条件では，バージン材から製造されたPETボトルがすべて回収され，かつすべてがリサイクル，リユース適合物であることを意味する。

しかし，現在のPETボトル回収率は，『容器包装リサイクル法』施行後8年目の2004年度で，事業系回収量を加えても62.3％であり，かつ，その回収されたPETボトルすべてがリサイクル，リユース適合品ということはありえない。

そこで，ここでは，回収率を次式のように定義し，回収率の減少により，減少するPETボトルをバージン材から製造すると設定して評価を行った（図-2.31）。

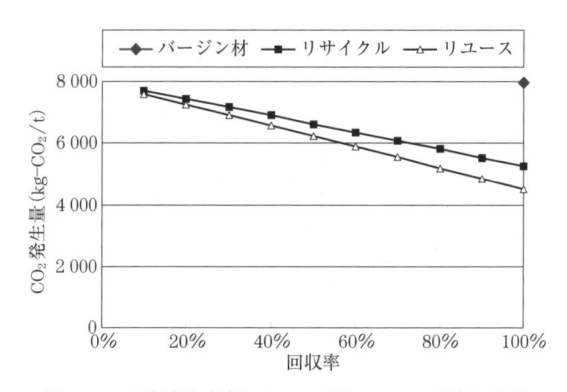

図-2.31 回収率を考慮したPETボトルのLCA評価の結果

$$\text{回収率(\%)} = \frac{\text{回収量} - \text{リサイクル or リユース非適合物量}}{\text{PET ボトル製造量}} \times 100$$

リサイクル，リユースともに回収率が減少することにより，再生 PET 樹脂から PET ボトルを製造，あるいは，リユースする場合よりもバージン材から製造する PET ボトルの CO_2 排出量の方が多いため，全体の CO_2 排出量は増加している。

しかし，リサイクル，リユースの非適合物量を除外した回収率が 10 ％になった場合でも，バージン材 PET ボトルの CO_2 排出量より，リサイクル，リユース PET ボトルの CO_2 排出量は少ない。

2.4.2 ライフサイクルコスト (LCC)

（1） 各 PET ボトルの LCC 評価結果

各 PET ボトルの LCC 評価結果を図-2.32 に示す。

ライフサイクルコストでは，リサイクル PET ボトルが最もコストが安価で評価が高い。リユース PET ボトルは収集時の人件費が高いため，リサイクル PET ボトルに比べて評価が低くなる。

また，バージン材 PET ボトルは，製造時のコストが他のケースよりも非常に高いため，ライフサイクルでのコストも最も高い。すなわち，リサイクル，リユース PET ボトルを導入することにより，それぞれコストをバージン材 PET ボトルよりも 15 ％，12 ％削減が可能である。

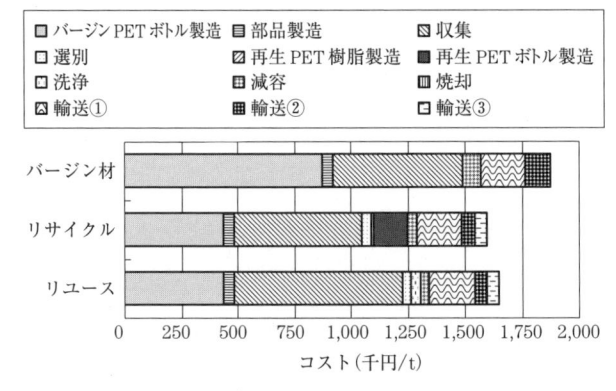

図-2.32 各 PET ボトルの LCC 評価結果

2.4 PETボトルのリサイクル，リユースの環境へのやさしさ評価とコスト評価

（2） 回収率を考慮したリサイクル，リユースPETボトルのLCC評価

　回収率を考慮したリサイクルPETボトル，リユースPETボトルのLCC評価結果を図-2.33に示す．リサイクル，リユースともに回収率が減少することにより，再生PET樹脂からPETボトルを製造，あるいは，リユースする場合よりもバージン材から製造するPETボトルのコストの方が高いため，全体のコストは増加している．

　今回定義した回収率が40％を下回ると，リユースPETボトルの方がバージン材PETボトルよりもコストは高く，リサイクルPETボトルは10％を下回るとコストは高くなる．

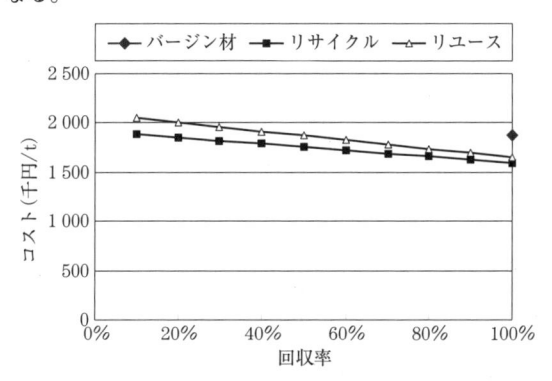

図-2.33 回収率を考慮したPETボトルのLCC評価の結果

2.4.3 PETボトルのリサイクル，リユースの環境へのやさしさとコスト評価

　今回，バージン材PETボトル，リサイクルPETボトル，リユースPETボトルを評価した結果，LCA，LCCの観点から考えると，回収率が高ければ，既に欧州で行われているようにリサイクル，リユースを行った方が良いことが明確に示された．

　しかし，欧州と日本では国民性の違いもあり，リユースは容易に受け入れられるものではない．リユースPETボトルは，現在の市民の受入れ意思が低いため，リユースPETボトルを導入しても市民に受け入れられにくく，利用されないという問題が生じると判断できる．したがって，LCA，LCCの評価は高いにも関わ

らず，総合的に見ると，今すぐ導入すべき対策とはいえない。

リユースPETボトルを現実的に導入していくには，リユースの衛生面・安全面の確保を担保とし，市民の受入れ意思を向上させる政策，ソフト対策を強力に推し進めることが必要である。

そのため，まずは，リサイクルPETボトルを広めていくことであろう。使用済みPETボトルをボトル用PET樹脂にリサイクルする技術は確立され，「ボトルtoボトル」の事業化も帝人が乗り出した。その能力はPETボトル約62 000トン/年(500 mL PETボトル約20億本相当)からPETボトル用樹脂50 000トン/年を製造することができるもので，2003年度から操業を開始した。

ペットボトルを再生するリサイクル事業者には，再生品の売却益が入るが，原価はバージン原料から作るよりも割高になる。『容器包装リサイクル法』(容リ法)では，リサイクルを促進するため，再生処理の対価として，ペットボトルやペットボトル入り飲料のメーカー，小売店等が拠出する負担金を原資に，事業者に再商品化委託費を支払う仕組みになっている。

しかし，2005年度には使用済みPETボトルが落札できず，せっかくのリサイクル施設が操業停止になっている。使用済みPETボトルの入札は，容器包装リサイクル協会(容リ協)が市区町村単位で実施するのであるが，自治体によっては収集経費負担を少しでも軽減するために中国向け輸出に回すところがあり，容リ協への供給量が年々減少するとともに，落札単価が大幅に下落した。

このような状況が続くと，環境にやさしいリサイクルシステムが存在しているのに，それを活用せずに，結果として環境にやさしくないシステムを存続させることになる。

自治体と関連する事業者が，採算性を重視することは理解できるが，環境にやさしい社会を構築するためには，『容器包装リサイクル法』の目指す方向をしっかりと見据えてPETボトルリサイクルを展開してもらいたい。

参考文献

1) PETボトルリサイクル推進協議会：PETボトルリサイクル年次報告書，http://petbottle—rec.gr.jp/nenji/2003/p04.html
2) PETボトルリサイクル推進協議会：PETボトルリサイクル年次報告書，http://petbottle—rec.gr.jp/nenji/2003/p10.html
3) 安田八十五，松田愛礼：飲料容器のリサイクル費用の容器間比較―自治体における飲料容器のリサイクル費用の総合評価，第12回廃棄物学会研究発表会講演論文集，pp.168—170, 2001.
4) 澤谷精，花木啓祐：LCAによる各種飲料容器材料の環境負荷の検討，第12回廃棄物学会研究発表会講演論文集，pp.131-133, 2001.
5) 寺園淳，山辺浩，酒井伸一，高月紘：ライフサイクルアセスメントとコストの視点から見たPETボトルリサイクル，第7回廃棄物学会研究発表会講演論文集，pp.115-117, 1996.
6) 及川智，谷川昇：リサイクルに対する消費者の意識調査結果(回収への協力と再生商品の購入について)，第11回廃棄物学会研究発表会講演論文集，pp.75-77, 2000.
7) 刀根薫：ゲーム感覚意思決定法，日科技連出版社，pp.8-25, 42-46, 1986.
8) 岩本綾乃，尾崎平，和田安彦，三浦浩之：ペットボトルからの再生商品に対する市民評価，土木学会関西支部年次学術講演会，Ⅶ-10-1-Ⅶ-10-2, 2003.
9) 和田安彦，尾崎平，中野加都子，岩本綾乃：市民の受入れ意思を考慮した飲料用PETボトルリサイクルの評価，土木学会論文集，No.769, pp.43-54, 2004.8.

第3章　環境へのやさしさと性能をバランスしていくこと

3.1　はじめに

　現在，製品開発では"環境にやさしい"，"環境調和型"が重要なキーワードとなっており，環境調和型製品の優先的購入を行うグリーン購入への関心も高まっている。一方，消費者は環境調和性面の評価のみから製品を選択するわけではなく，例えば同様の機能を果たす複数の製品があった場合に，使いやすさ，デザイン等も製品選択の重要な評価基準となる。したがって，製品開発では，製品の環境調和性と性能の両方を高次元でバランスさせることが重要である。このような必要性に応じて，製品の環境影響とコストおよび性能を指標とすることが試みられている[1,2]。そこで，著者らは製品の環境調和性と人々の平均的な商品価値評価を総合評価する手法を開発した[3,4]。これはメーカーが新製品開発において製品の環境調和性と性能をバランスさせることを助けるものであり，本章では，この総合評価手法を基本に，購買者の商品価値評価が性能と環境への意識によってどのように変化するのかを検討し，今後，総合評価を用いて環境調和性と性能の両方を高次元でバランスさせる方法を提案していく。

3.2　総合的商品価値評価システム

3.2.1　総合評価の基本的考え方

　製品の評価は多面的であって，製品購買層は一つの評価尺度だけから製品の優劣を判断していない。また，コストや大きさ，効率のように定量的な項目だけで

なく,快適性やデザインのような非定量的かつ主観に基づく項目からも評価が行われる。このような定量的な評価項目と非定量的な評価項目が混在する場合の購買対象製品の評価を行う手法の1つにAHP法(Analytic Hierarchy Process：階層分析法)がある[5]。本法は不確定な状況や多様な評価基準における意思決定手法であり,問題の分析において主観的判断とシステムアプローチをミックスした問題解決型意思決定手法の1つである[6]。

例えば,同様な機能と性能を持つ製品が2つあり,購買者から見た製品の価値,すなわち製品の望ましさが経済性,省エネルギー性,デザインの3つの評価基準から決まると考えた場合,AHP法では以下の階層的合成の式が成り立つと考える。

$$W_A = \omega_1 \cdot w_{A1} + \omega_2 \cdot w_{A2} + \omega_3 \cdot w_{A3}$$
$$W_B = \omega_1 \cdot w_{B1} + \omega_2 \cdot w_{B2} + \omega_3 \cdot w_{B3} \tag{1}$$
$$\text{ただし,} \ W_A \geq 0, \ W_B \geq 0 \quad \text{かつ} \quad W_A + W_B = 1$$

ここで,$w_{A1} \sim w_{A3}$,$w_{B1} \sim w_{B3}$：性能項目に対する対象製品A,Bの重み,$\omega_{1 \sim 3}$：製品の望ましさに対する各性能項目の重み。

この式で得られる合成した重みW_A,W_Bが製品A,Bの望ましさとなる。

この考え方を応用して,製品の商品価値を性能と環境調和性の両面から総合評価する手法を提案し,両者を高次元でバランスさせることにより,消費者に積極的に選択され,しかも環境負荷の少ない製品の開発に役立つと考えた。なお,ここではコストも性能の一つであると考えて,性能と環境調和性の側面から商品価値を評価する。

3.2.2　商品価値総合評価の考え方

AHP法では,評価項目間の重みと評価項目から見た対象製品の重みは,評価項目相互および対象製品相互の一対比較から計算する。一対比較は,評価項目や対象製品(代替製品)が増えると組合せ数が非常に多くなる。そこで,本章ではこの重み付けを簡略な方法により行った。

すなわち,対象製品の性能項目に対する重み付けは技術者による一対比較により行い,評価項目の重み付けは購買者グループへのアンケート調査に基づく順位法により行った。

一方，環境調和性については，対象製品の環境影響カテゴリーに対する重み付けは，その環境影響カテゴリーでの環境インパクト評価結果に基づく一対比較により行った。環境影響カテゴリーの重み付けは，既往研究におけるアンケート調査に基づく重み付けを適用した。

3.2.3 商品価値の総合評価

商品価値は性能と環境調和性により決まると考えた。「性能」と「環境調和性」のどちらを重要と考えるかに応じて相対的な重要度を設定し，次式により対象製品の相対的な商品価値を評価した。

$$CMV = W_P \sum_{i=1}^{m}(A_{P,i} \times W_{P,i}) + W_E \sum_{j=1}^{n}(E_{p,i} \times W_{e,j}) \qquad (2)$$

ここで，CMV：対象とする製品の相対的商品価値，W_P：性能の相対的重要度，W_E：環境調和性の相対的重要度，$A_{P,i}$：性能項目iに対する対象製品の相対的性能優秀度，$W_{p,i}$：性能項目iの重要度，m：評価する性能項目の数，$E_{P,j}$：環境影響カテゴリーjに対する対象製品の相対的環境調和度，$W_{e,j}$：環境影響カテゴリーjの重要度，n：評価する環境影響カテゴリーの数。

すなわち，商品価値が性能優秀度と環境調和度により評価されていると考えた。

3.2.4 性能優秀度の評価

性能評価項目は購買者が複数の購入候補製品から一つの製品を選択する際に比較すると考えられるものを選定する。

対象製品の性能の相対的優秀度の評価は，製品の性能を最もよく理解している製品メーカーの技術者により行う。すなわち，選定した性能項目について，対比する製品の性能の優劣を相対的に評価する（**表-3.1**）。

性能評価項目の重要度は，対象製品購買層の人々の評価に基づき順位法(Ranking Method)を用いて決定する。購買者が対象性能項目を重要視する順に順位付けを行い，その平均順位に従って得点を与える。最も順位の高

表-3.1 性能の相対的優秀度評価 A_p のイメージ

性能項目	製品A	製品B
1	1.00	0.81
2	0.89	1.00
3	0.77	1.00
:	:	:

い(順位得点の多い)性能項目の重要度を 1.0 として他の性能項目の重要度を相対的に設定する。

$$R_p = (n + 1) - R_n$$

$$W_p = \frac{R_p}{R_{p,\max}} \tag{3}$$

ここで，W_p：性能の重要度($W_{p,\max} = 1.0$)，R_n：平均順位，R_p：順位得点，n：性能項目数．

性能の重要度評価のイメージを**表-3.2**に示す．

表-3.2　性能の重要度評価のイメージ

性能項目	購買者の順位付け				平均順位	順位得点	重要度 W_p
	①	②	③	⋯			
1	4	2	1	⋯	3.1		0.78
2	1	1	2	⋯	1.4		1.00
3	5	6	4	⋯	5.5		0.31
⋮	⋮	⋮	⋮		⋮		

3.2.5　環境調和度の評価

（1）環境負荷の算出

対象製品の製造に必要となる資源の採掘から製品製造までのライフサイクルステージにおける環境負荷を算出する．

本評価においてエネルギー資源や原材料の消費量，また大気，水域への各種物質排出量は，次式により算出する．

① 消費量

$$L_c = \sum_{i=1}^{n} L_{Pci} + L_{Uc} + \sum_{j}^{m} L_{Tcj} \tag{4}$$

② 排出量

$$L_e = \sum_{i=1}^{n} L_{Pci} + L_{Ue} + \sum_{j}^{m} L_{Tej} \tag{5}$$

ここで，L_c：全ライフサイクルでの物質 c の消費量，L_{Pci}：プロセス i での物質 c

の消費量，L_{Uc}：使用時の物質 c の消費量，L_{Tcj}：輸送プロセス j での物質 c の消費量，L_e：全ライフサイクルでの物質 e の排出量，L_{pei}：プロセス i での物質 e の排出量，L_{ue}：使用時の物質 e の排出量，L_{tej}：輸送プロセス j での物質 e の排出量，i：採掘，製造，処理処分等のプロセス，j：原材料輸送，部品輸送等の輸送プロセス，c：エネルギー資源・原材料等の消費物質，e：大気・水域等への排出物質。

（2） 環境インパクト評価

環境インパクト評価は，資源消費や排出物を予想される環境影響の種類に基づいたカテゴリーに分類する「クラシフィケーション」，排出物がこれらカテゴリーに対して及ぼす影響を相対的に評価し，カテゴリー内での影響を数値化して総計する「キャラクタリゼーション」と，キャラクタリゼーションの結果に基づき各カテゴリーにおける環境影響の重要性を相対的に評価する「バリュエーション」の3つの部分からなる(SETAC: Guidelines for Life–Cycle Assessment: A code of Practice, 1993)。

バリュエーションでは，政治的および倫理的な価値による評価が入り，国際的に合意された評価手法がないため，ここではインパクト評価をキャラクタリゼーションまで行うこととした。カテゴリーは，比較的評価の容易なエネルギー資源消費，非生物系資源消費，地球温暖化，酸性化，水質汚濁，固形廃棄物を選択した。

（3） 相対的環境調和度 E_p の評価

相対的環境調和度は環境インパクト値を用いて次式で評価する。

$$E_{pAj} = (REI_{Aj} / REI_{Sj})^{-1} \tag{6}$$

ここで，E_{pAj}：製品 A のカテゴリー j における相対的環境調和度，REI_{Sj}：基準製品のカテゴリー j における環境インパクト値，REI_{Aj}：製品 A のカテゴリー j における環境インパクト値。

したがって，基準となる製品の環境調和度値は 1.0 である。なお，基準となる製品には環境インパクト値の小さい方を選択する。

（4） 環境カテゴリーの重要度 W_e の評価

環境カテゴリーの重要度を評価することは，環境インパクト評価でのバリュエーションを行うことと同義である。バリュエーションにおける各環境カテゴリーの重みは，個人の哲学，価値観，思想，倫理等により異なるため，科学的な方法はなく[10]，現在，国際的な研究テーマとなっている。これについて検討することはここでの目的ではないので，環境インパクトカテゴリーごとの環境調和性の統合化は既往研究の手法を応用することとした。

代表的なバリュエーション手法として，CMLの方法[11]，EPS[12]，エコスケアシティー法[13]，エコインディケータ95[14]，パネル法[15]がある。ここで提案する総合評価手法の性能評価は購買者による意識に基づいて行っていることから，環境カテゴリーの重要度も多数の人々の評価に基づいて行うこととして，パネル法を用いる。

3.3　自動車用ホイールのケーススタディ

3.3.1　アルミホイールとスチールホイール

（1）　流通状況

自動車用ホイールには，アルミホイールとスチールホイールとがあるが，様々なデザインに対応しやすい，高級感があるなどの理由から，従来のスチールホイールに代わってアルミホイールを装備する自動車が多くなっている。

アルミホイールの装着率については，(社)軽金属協会・軽金属車輪委員会の調査報告がある(自動車部品のアルミ化調査報告，1996)。これは，1996年に販売された対象車(一般車16車種，RV10車種の合計26車種)について行われたものである。本調査結果では，軽自動車20.6％，小型乗用車35.0％，普通乗用車78.9％にアルミホイールが装着されており，普通乗用車の装着率が高い。特に車格の高い普通乗用車ではすべてアルミホイールが標準装備になっている。

このようなアルミホイールの普及に伴って自動車全体のアルミ使用率も高まっており，一般車全体の自動車1台当りのアルミ使用率は7.3％となっている。

3.3 自動車用ホイールのケーススタディ

（2） 性能差

ホイールの性能は，自動車の燃料消費率や快適性と走行性能を左右する。性能面では，アルミホイールの方が優位なことが多いといわれている。一般的に自動車部品の材料転換であるアルミ化は，自動車全体重量の軽量化により燃費を改善できると考えられている。

（3） リサイクル

ホイールはすべて何らかのマテリアルリサイクルが行われていると見られ，アルミニウムの場合はスクラップから再生すると，ボーキサイトからの製錬に必要なエネルギーの3～5％で済むという試算もあり[9]，リサイクルによる環境負荷削減の効果が大きい。

スチールホイールは鉄スクラップ事業者を通じて他の鉄スクラップとともに2次材料となる。ホイール用素材となる熱延鋼板はH型鋼のような汎用材に対して高級鋼として位置づけられており，基本的には高炉メーカーで製造される。高炉メーカーにおけるスクラップ混入比率は現状では5～20％程度である（メーカーヒアリング）。スクラップを原料として鉄鋼材料を製造する電炉メーカーもあるが，電炉メーカーではホイール用素材を製造していない。

また，ホイールは鉄スクラップ事業者→高炉メーカーを通して再資源化され，解体事業者等から直接ホイールメーカーに搬入されて再びホイールになるというルートはない。

アルミホイールの場合は非鉄スクラップ事業者を通してホイール以外の2次材料となることが多いが，一部は再びホイール材料となる。また，タイヤがついた状態で輸出される場合もある。

3.3.2 相対的性能優秀度の評価

（1） 性能評価項目の選定

ホイールの性能は，自動車の燃料消費率や快適性，そして走行性能を左右する。そこで，性能評価項目として，デザイン，走行性，操作性，安全性，経済性を選定した。これらは，ホイールメーカーA社のホイール設計担当技術者全員に対してスチールホイールとアルミホイールの性能差についてヒアリングを行い，

性能差のあるものを選定したものである。

（2） 性能の相対的優秀度評価

Aホイールメーカーでホイール開発に従事している技術者全員を対象に，選定した性能項目におけるアルミホイールとスチールホイールの優劣を評価してもらった。これより，表-3.3に示すように性能項目ごとの性能の相対的優秀度A_pを設定した。なお，表には技術者の回答における評価理由も併せて示している。

アルミホイール，スチールホイールそれぞれについて算出した結果を比較して

表-3.3　性能の相対的優秀度A_p

性能項目		アルミホイール	スチールホイール	評価理由
デザイン（多彩なデザインのしやすさ）		1.00	0.70	アルミニウムは見映えの良いデザインをしやすい
走行性	騒音・振動のボディへ伝わりにくさ	1.00	0.70	アルミニウムの剛性が高いため，騒音・振動面で有利
	加速性	1.00	0.90	アルミニウムの方が軽く，慣性モーメントも少ない。しかし，実用的な範囲では差は少ない
	燃費	1.00	0.90	
	平均	1.00	0.83	長距離走行における燃費
操作性（振れの精度）		1.00	0.70	振れ精度の許容値の差から評価
安全性	衝撃に対する強度	1.00	1.00	強い衝撃に対してはスチールの方が強いが，小さい再衝撃に対しては，アルミニウムの方が強い。このため対衝撃強度は互角と評価
	ブレーキング性能	1.00	0.80	アルミニウムは慣性モーメントが小さく有利。アルミニウムは熱伝導性が良いため，ブレーキング時の熱を逃がし，ブレーキ性能の維持に有利
	平均	1.00	0.90	
経済性	製造設備建設コスト	0.60	1.00	減価償却を含めたランニングコストから評価
	製造コスト	0.60	1.00	原価から評価
	製造の手間	0.70	1.00	労務に関するコストから評価
	リサイクルの容易性	1.00	0.60	製造工程におけるリサイクルのしやすさから評価
	長寿命性	1.00	0.80	アルミニウムはスチールよりも5倍程度耐久寿命が長い。しかし，自動車本体の耐用年数は同じである
	平均	0.78	0.88	

3.3 自動車用ホイールのケーススタディ

図-3.1 に示す。スチールホイールの方がアルミホイールよりも優れている項目は経済性だけである。残りのデザイン，走行性，操作性，安全性ではアルミホイールの方が評価値は高く，特にデザイン，操作性では評価の差が大きい。

（3） 性能の重要度の評価

自動車免許を取得できる 18 歳以上を自動車購買層と考え，街頭にて直接面接法によりアンケートを実施し，ホイールの 5 つの性能項目の順位付けを行った。有効回答者数は 430 人であり，男性が 60 %，女性が 40 %，免許取得者は回答者全員の 82 % であった。回答者の年代別構成と職業別構成を図-3.2 に示す。

表-3.4 に評価結果を示す。この結果から，最も重要視している

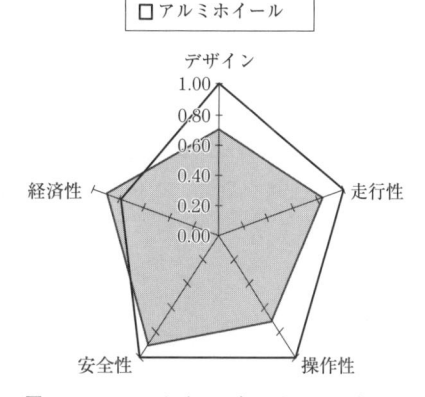

図-3.1 アルミホイールとスチールホイールの相対的性能優秀度 A_p 比較

表-3.4 性能の重要度 W_p

性能項目	順位（単位：人）					平均順位	重要度 W_p
	1位	2位	3位	4位	5位		
デザイン	106	69	83	66	106	2.99	0.843
走行性	64	63	98	106	99	3.26	0.768
操作性	54	53	123	141	59	3.23	0.776
安全性	45	120	95	95	75	3.08	0.818
経済性	161	125	31	22	91	2.43	1.000

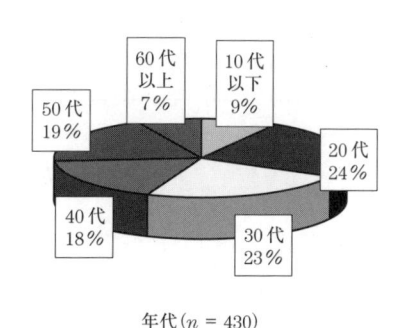

年代 ($n = 430$)

職業 ($n = 430$)

図-3.2 回答者の属性

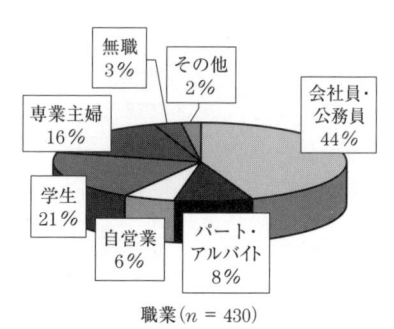

のが経済性であり，次にデザイン，安全性の順である．操作性，走行性はアルミホイールとスチールホイールの差がわかりにくいことから，他の項目ほど重要視されていない．

（4） 相対的性能優秀度の評価

以上の性能の相対的優秀度 A_p と性能の重要度 W_p より，各ホイールの相対的性能優秀度を算出できる．算出した各ホイールの相対的優秀度を表-3.5 に示す．

表-3.5 ホイールの相対的性能優秀度

性能項目	A_p アルミ	A_p スチール	W_p	相対的性能優秀度 アルミ	相対的性能優秀度 スチール
デザイン	1.00	0.70	0.843	0.843	0.590
走 行 性	1.00	0.83	0.768	0.768	0.637
操 作 性	1.00	0.70	0.776	0.776	0.543
安 全 性	1.00	0.90	0.818	0.818	0.736
経 済 性	0.78	0.88	1.000	0.780	0.880
合　　計				3.985	3.386

3.3.3 環境負荷の算出

（1） 評価範囲

ホイール製造に必要となる資源の採掘からホイール製品製造までのライフサイクルステージにおける環境負荷を算出した．対象としたライフサイクルステージを図-3.3 に示す．環境負荷算出に用いたデータ等を表-3.6 に示す．

表-3.6 環境負荷算出に用いたデータ等

プロセス	参 考 デ ー タ 等
原材料の採掘	環境情報科学センター：平成 9 年度環境庁調査業務結果報告書「製品等による環境負荷評価手法等検討調査報告書」，1998.3
原材料の輸送	
材料製造	
材料の輸送	ホイールメーカーへのヒアリング
ホイール製造，組立，検査等	ホイールメーカーへのヒアリング
回収ホイールからの材料再生	化学経済研究所：基礎素材のエネルギー解析調査報告書，1993

3.3 自動車用ホイールのケーススタディ

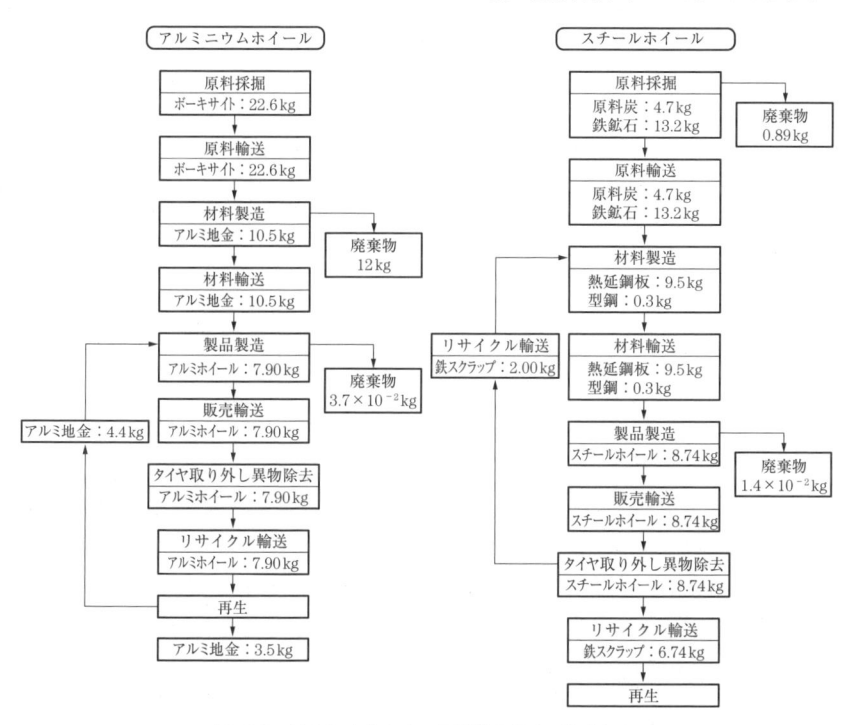

```
┌─アルミニウムホイール─┐                    ┌─スチールホイール─┐

   ┌──────────────┐                              ┌──────────────┐
   │ 原料採掘       │                              │ 原料採掘       │
   │ ボーキサイト:22.6kg │                         │ 原料炭 :4.7kg   │────┐
   └──────┬───────┘                              │ 鉄鉱石 :13.2kg │   ┌──────┐
          │                                       └──────┬───────┘   │ 廃棄物 │
   ┌──────┴───────┐                                      │           │0.89kg │
   │ 原料輸送       │                              ┌──────┴───────┐   └──────┘
   │ ボーキサイト:22.6kg │                         │ 原料輸送       │
   └──────┬───────┘                              │ 原料炭 :4.7kg   │
          │                                       │ 鉄鉱石 :13.2kg │
   ┌──────┴───────┐      ┌──────┐                └──────┬───────┘
   │ 材料製造       │──────│ 廃棄物 │                      │
   │ アルミ地金:10.5kg │   │ 12kg  │               ┌──────┴───────┐
   └──────┬───────┘      └──────┘                │ 材料製造       │
          │                                       │ 熱延鋼板:9.5kg  │
   ┌──────┴───────┐                              │ 型鋼 :0.3kg    │
   │ 材料輸送       │                              └──────┬───────┘
   │ アルミ地金:10.5kg │      ┌─リサイクル輸送─┐           │
   └──────┬───────┘       │ 鉄スクラップ:2.00kg│   ┌──────┴───────┐
          │               └─────────┬──────┘     │ 材料輸送       │
   ┌──────┴───────┐                 │            │ 熱延鋼板:9.5kg  │
   │ 製品製造       │       ┌──────┐ │           │ 型鋼 :0.3kg    │
   │ アルミホイール:7.90kg │─│ 廃棄物 │            └──────┬───────┘
   └──────┬───────┘       │3.7×10⁻²kg│                 │
          │               └──────┘              ┌──────┴───────┐
   ┌──────┴───────┐                             │ 製品製造       │   ┌──────┐
   │ 販売輸送       │                             │ スチールホイール:8.74kg│─│ 廃棄物 │
   │ アルミホイール:7.90kg│                        └──────┬───────┘   │1.4×10⁻²kg│
   └──────┬───────┘                                    │           └──────┘
          │                                     ┌──────┴───────┐
┌─────────┴──────┐                              │ 販売輸送       │
│アルミ地金:4.4kg │                               │ スチールホイール:8.74kg│
└─────────┬──────┘                              └──────┬───────┘
          │   タイヤ取り外し異物除去                       │
          │   アルミホイール:7.90kg                  タイヤ取り外し異物除去
   ┌──────┴───────┐                              スチールホイール:8.74kg
   │ リサイクル輸送  │                                    │
   │ アルミホイール:7.90kg│                       ┌──────┴───────┐
   └──────┬───────┘                              │ リサイクル輸送  │
          │                                      │ 鉄スクラップ:6.74kg│
   ┌──────┴───────┐                              └──────┬───────┘
   │ 再生          │                                    │
   │ アルミ地金:3.5kg │                             ┌───┴───┐
   └──────────────┘                              │ 再生   │
                                                  └───────┘
```

図-3.3 対象とするホイール製造のライフサイクル

（2） 前提条件

a.評価単位　　製造工場等から得られたデータをもとに，各ホイールとも同じ機能を持つホイール完成品1個当り（スチールホイール：8.74kg/個，アルミホイール：7.90kg/個）に換算して算出した。

b.輸送　　原材料輸送，リサイクルに関する条件は現状で行われている実態を調査して具体化した。なお，アルミニウムの場合は海外で材料製造してそれが輸入されることとし，スチールの場合は原料を輸入し国内で材料製造を行うこととする。

c.プラント等資本財の取扱い　　ホイールの製造に用いるプラント等の資本財に関わる環境負荷は考慮しない。また，両ホイールを比較する場合に，材料によって製造に必要不可欠な副資材（アルミホイールのるつぼ等）があるが，それらの環境負荷データが得られないため，ここではそれらについて考慮していない。

d. リサイクル材の使用　　ここではインベントリ分析を行うに当たって，各ホイールにおけるリサイクル材の使用を次のように考えた。

まず，目的が自動車用ホイールのリサイクルの環境負荷算出ではなく，メーカーが自社製品の価値を総合的に評価するための手法を示すものであることから，国全体の平均値を用いるよりも対象となるメーカー，製品の値を用いる方が現実的であると考えた。

このため，アルミホイールへのリサイクル材の混入率は，ヒアリングしたホイールメーカーの再生アルミ塊使用実績値(42％)を用いた。残りのアルミホイールは再生アルミ塊として他のアルミ製品に使用されると考え，アルミ塊の再生までを評価範囲とした。なお，アルミホイール製造工程で出るアルミ屑は，バージン起源のもの，再生塊起源のものによらず100％リターン材として使われているため，ロスは生じていない。

一方，スチールホイールでは前述したように，電炉メーカーではホイール用素材を製造していない，また解体事業者等から直接ホイールメーカーに搬入されて再びホイールになるルートはない。したがって，高炉で生産される粗鋼等をスチールホイールの原材料だけに限定して考えれば，ホイールメーカーでのリサイクル材混入率と高炉メーカーでの回収スチールホイール投入率はほぼ同義と考えられる。そこで，最もリサイクル材を使用している場合の鉄スクラップ混入率20％を用いた。これより廃棄されたスチールホイールの20％は転炉に銑鉄と共に投入され粗鋼となって再びスチールホイールとなり，残りの80％は電炉にて鉄材になるとした。

e. 材料製造工程の脱硝，脱硫比率　　材料製造工程(アルミ再生工程も含む)から排出されるNO_x，SO_xについては，ごみ処理時の大気汚染物質除去効率[16, 17]を参考に，それぞれ脱硝率70％，脱硫率90％として処理されて排出されることとする。

（3）　算出結果

算出した環境負荷を工程別に図-3.4に示し，これらの合計値をまとめて表-3.7に示す。

a. 材料の違いによる環境負荷の差　　スチールホイールと比べると，アルミホイ

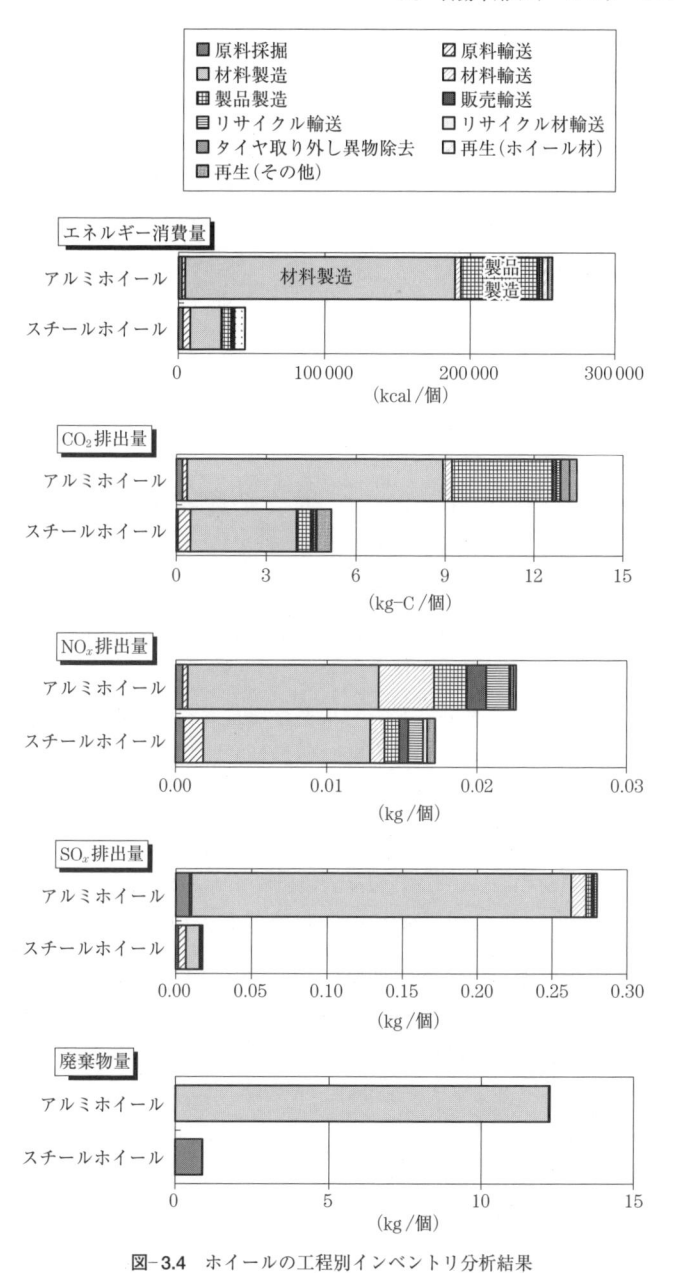

3.3 自動車用ホイールのケーススタディ

図-3.4 ホイールの工程別インベントリ分析結果

第3章 環境へのやさしさと性能をバランスしていくこと

表-3.7 環境負荷定量結果(ホイール1個当り)

投入物	単位	アルミホイール	スチールホイール	排出物	単位	アルミホイール	スチールホイール
電力	kWh	98	13	CO_2排出量	kg-C	13	5.2
軽油	L	0.76	0.29	NO_x排出量	kg	0.022	0.017
A重油	L	0.66	0.17	SO_x排出量	kg	0.28	0.018
C重油	L	7.4	1.1	BOD	kg	0.002	0.002
灯油	L		0.11	COD	kg	0.003	0.002
液化石油ガス	kg	0.039		固形廃棄物	kg	12	0.9
LNG	kg	2.383					
石炭	kg		4.7				
ボーキサイト	kg	22.6					
再生アルミ	kg	4.4					
鉄鉱石	kg		13.2				
鉄くず	kg		2.0				

ールの環境負荷はいずれの項目でも多く,特にSO_x排出量,廃棄物量でその差が大きい。これは主として「材料製造」の工程の違いによるものである。

b.工程別の環境負荷

① アルミホイール:環境負荷が最も多い工程はいずれの項目でも「材料製造」の工程である。特にSO_x排出量では,この工程によるものが90%と圧倒的に大きな割合を占めている。エネルギー消費量とCO_2排出量でも約65〜70%を占めている。これは,一般にいわれているように鉱石からの製錬に大量の電力を必要とし,それによる影響が全ライフサイクルに強い影響を与えるからである。

次に環境負荷の高い工程は「製品製造」(ホイール製造)であり,エネルギー消費量では約20%,CO_2排出量では25%を占めている。このことから,「材料製造」以降の工程を考えた場合,リサイクル関連の工程よりもホイール製造の工程の方が環境負荷が高い。

なお,NO_x排出量では輸送工程の総和で全排出量の約30%にもなる。

② スチールホイール:スチールホイールの場合も,環境負荷の最も多い工程は「材料製造」であり,エネルギー消費量約45%,CO_2排出量約70%,NO_x排出量約65%,SO_x排出量約50%とかなりの部分を占めている。次いで多いのは「原料輸送」と「製品製造」(ホイール製造)と鉄スクラップの「再生」であり,これらの工程の占める割合は10〜30%前後である。

NO_x 排出量では，アルミホイールと同様に輸送工程の占める割合が約25％と高い。SO_x 排出量で「原料輸送」工程の占める割合が30％弱と多いのは，海外からコンテナ船で鉄鋼石，原料炭を輸入する際にC重油が使われ，それによる SO_x 排出量が多いからである。

3.3.4 環境調和度の評価

（1） 環境インパクト評価

評価する環境インパクトカテゴリーとカテゴリー内での影響を数値化して総計する「キャラクタリゼーション」で用いた重み付け係数を**表-3.8**に示す。ここで，電力の重み付け係数は，水力，火力（石油，石炭，LNG等），原子力等の発電電力量の構成比[18]を考慮して設定した。また，アルミニウムの大半は海外で生産されていることから，輸入量の多い国の一つである北米を輸入国とし，水力発電による電力で生産されたアルミニウムを輸入していると設定した。

エネルギー資源消費を評価する場合，C重油等の石油燃料を原油換算する必要

表-3.8 環境インパクトカテゴリーと重み付け係数

カテゴリー	キャラクタリゼーションの考え方	重み付け係数算出式	対象物	単位	重み付け係数
エネルギー資源消費	利用可能な全熱量に対する消費熱量の割合で表示	消費熱量／Σ（可採エネルギー資源量×発熱量）「石油＝1」として相対化	電力（国内）	kWh	0.15
			電力（北米）	kWh	水力発電なので設定しない
			石油	L	1.00
			石炭	kg	0.82
			LNG	kg	1.06
枯渇性資源消費	採掘可能な量に対する消費量の割合で表示	1／可採資源量「鉄鉱石＝1」として相対化	鉄鉱石	kg	1.00
			ボーキサイト	kg	0.71
地球温暖化	地球温暖化ポテンシャル GWP_{20} を利用	1／CO_2の指数値「CO_2＝1」として相対化	CO_2排出量	kg-C	1.00
酸性化	酸性化ポテンシャル A_P 値を利用	「SO_x＝1」として相対化	NO_x排出量	kg	0.70
			SO_x排出量	kg	1.00
水質汚濁	環境基準値を利用		BOD	kg	1.00
			COD	kg	1.00
廃棄物	廃棄物量で評価		固形廃棄物	kg	1.00

第3章　環境へのやさしさと性能をバランスしていくこと

があるが，今回は消費した石油燃料と同量の原油が消費されるものと考えた。

このようにして評価した各ホイールの環境インパクトを比較して**図-3.5**に示す。すべてのカテゴリーでアルミホイールはスチールホイールよりも環境インパクト値が大きく，エネルギー資源消費，地球温暖化でのアルミホイールのインパクト値はスチールホイールの2倍以上，酸性化，固形廃棄物では10倍以上である。

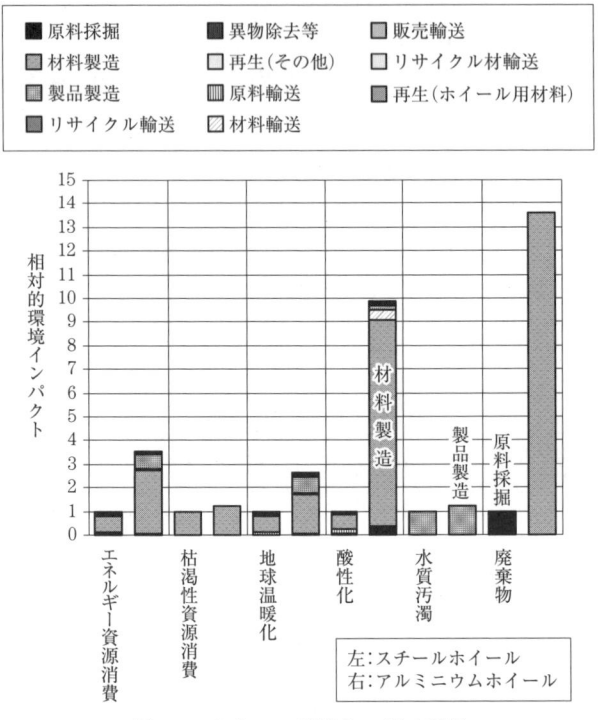

凡例：
- ■ 原料採掘
- 異物除去等
- 販売輸送
- 材料製造
- 再生(その他)
- リサイクル材輸送
- 製品製造
- 原料輸送
- 再生(ホイール用材料)
- リサイクル輸送
- 材料輸送

図-3.5　ホイールの環境インパクト評価（左：スチールホイール，右：アルミニウムホイール）

（2）環境調和度の評価

スチールホイールを基準製品とした場合の相対的環境調和度を**図-3.6**に示す。すべての環境インパクトカテゴリーでアルミホイールの相対的環境調和度がスチールホイールの環境調和度を下回っている。

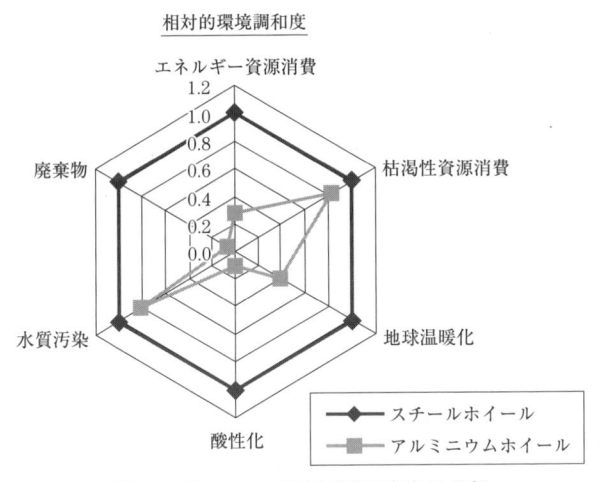

図-3.6 ホイールの相対的環境調和度 E_p 評価

3.3.5 ホイールの総合商品価値評価

（1） 性能と環境調和性の相対的重要度

ホイールの総合的な商品価値を評価する際に問題となるのが，性能と環境調和性それぞれの相対的重要度の設定である。実際に購買者の価値観によって性能と環境調和性の重視度合いは異なってくるため，この相対的重要度を一義的に決定することは無理がある。

そこで，性能と環境調和性の相対的重要度は同値とした。
$$W_P : W_E = 1.0 : 1.0$$

また，18歳以上の自動車購入可能な人を対象にアンケート調査したところ，回答者の82％は免許取得者であったことから，全回答者の平均を平均的購買者層と考えた。このことから回答の平均値を平均的購買者による評価と考える。

（2） インパクトカテゴリーごとの評価

インパクトカテゴリーごとに求めた総合商品価値を図-3.7に示す。

平均的購買者では環境インパクトカテゴリーによって総合商品価値の高いホイールが異なっている。スチールホイールの総合商品価値が高くなるのは，

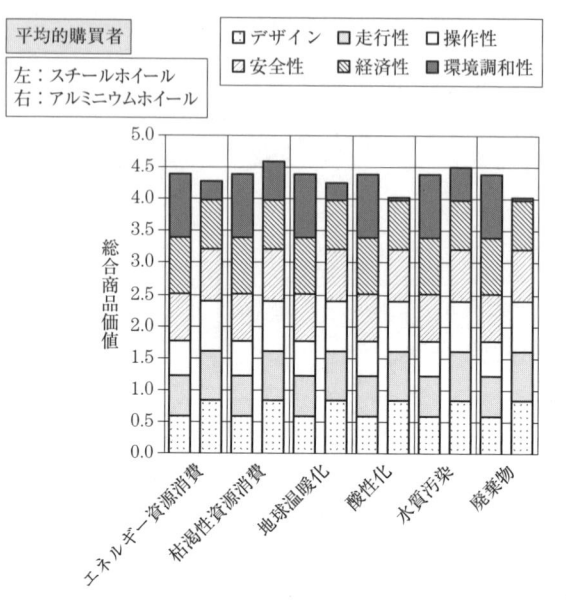

第3章　環境へのやさしさと性能をバランスしていくこと

図-3.7　ホイールの総合商品価値比較(インパクトカテゴリー別)

① エネルギー資源消費,
② 地球温暖化,
③ 酸性化,
④ 廃棄物,

のカテゴリーである。これはスチールホイールが環境調和性評価でアルミホイールに比較して圧倒的に優位であったことによる。環境調和性評価にあまり差のなかった他のカテゴリーではアルミホイールの性能が相対的に優秀であることにより影響が強くなり，スチールホイールの方が総合商品価値は低くなる結果となっている。

したがって，平均的購買者にとって自動車用ホイールは，商品価値評価項目の何を重視するかによって選択される材質が異なってくる。

すなわち，一方の材料を用いている製品の商品価値が他方の材料を用いている製品の商品価値を圧倒するほどの差はない。

（3） 総合商品価値評価

環境カテゴリー間の重要度を設定して，ホイールの総合的な評価を行う。永田は国内外の多数の評価グループに対してパネル法による環境カテゴリーの重要度をアンケート調査している[19]。ここではそのうち，わが国の環境科学者によるカテゴリー重要度を用いる。なお，重要度の最大値は 1.0 となるように相対補正した。これを表-3.9 に示す。

次に性能評価と環境調和性評価を総合的に評価するため，それぞれの評価値の合計の比率が性能と環境調和性の相対的重要度の比率となるように相対化した。これにより得られた総合商品価値評価の結果を図-3.8 に示す。

表-3.9 ホイールの環境調和度

カテゴリー	E_p		W_e	環境調和度	
	アルミ	スチール		アルミ	スチール
エネルギー資源消費	0.28	1.00	1.000	0.280	1.000
枯渇性資源消費	0.83	1.00	0.727	0.603	0.727
地球温暖化	0.38	1.00	0.688	0.261	0.688
酸性化	0.10	1.00	0.494	0.049	0.494
水質汚濁	0.81	1.00	0.649	0.526	0.649
廃棄物	0.07	1.00	0.630	0.044	0.630
合　計				1.763	4.188

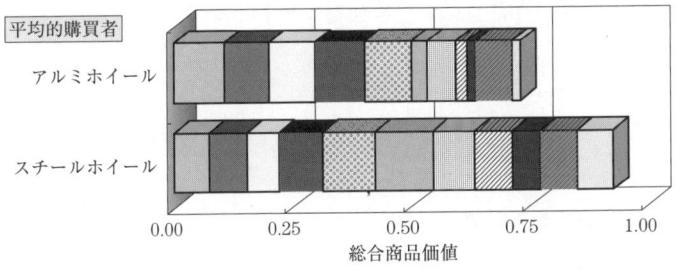

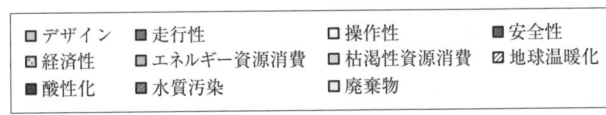

図-3.8 ホイールの総合商品価値比較

第3章　環境へのやさしさと性能をバランスしていくこと

　今回の各重要度の設定条件では，平均的購買者にとってアルミホイールはスチールホイールの 75％程度の商品価値しか持たないと評価されている。スチールホイールの商品価値を高めている要素は，主に経済性とエネルギー資源消費，地球温暖化，廃棄物の環境インパクトである。

　このように，性能と環境調和性を評価した場合には，スチールホイールの商品価値はアルミホイールよりも高くなる。

3.4　購買者による商品価値の相違

　調査対象者には，スチールホイールではなくアルミホイールを自分の車に装着したいと考える，デザインや性能を重要と考える自動車愛好家層も存在する。このような異なる評価軸を持つ購買者層では，対象製品に対する評価がどのように変わってくるのかを検討した。

3.4.1　自動車愛好家による性能重要度評価

　自動車愛好家は自動車購入あるいはホイール購入にあたって，デザインならびに走行性・操作性を重要視することから，**3.3.2(3)** で示したアンケート調査において，自動車を購入する際にデザインあるいは走行性を最重要視すると回答した人を「自動車愛好家」とみなした(総数；170 人，デザイン重視；106 人，走行性重視；64 人)。一方，これら自動車愛好家を除く回答者は経済性を重視していることから，「経済性重視者」とみなした。

　それぞれのグループにおける平均としての性能重要度を**表-3.10**に示す。自動車愛好家は経済性重視者に比べて，デザイン，走行性，操作性の重要度がかなり高く，反対に経済性の重要度は約 1/2 と低い。安全性についてはほぼ同じように捉えている。

表-3.10　性能の重要度 W_p

性能項目	重要度 W_p	
	経済性重視者	自動車愛好家
デザイン	0.541	1.000
走行性	0.582	0.930
操作性	0.628	0.939
安全性	0.872	0.816
経済性	1.000	0.520

3.4 購買者による商品価値の相違

3.4.2 購買者層による総合商品価値評価の相違

自動車愛好家がデザインなどを重視してアルミホイールを選択するということは，アルミホイールの商品価値がスチールホイールの商品価値を上回っているということである．

そこで，自動車愛好家にとってアルミホイールの商品価値がスチールホイールの商品価値を上回る状況となる，性能と環境調和性の相対的重要度を求めた．その結果，相対的重要度は，

$$W_P : W_E = 1.0 : 0.2$$

となった．

この相対的重要度を用いて，「自動車愛好家」と「経済性重視者」が評価するアルミホイールとスチールホイールの商品価値を算出した．その結果を図-3.9, 3.10 に示す．

自動車愛好家グループでは，性能を環境よりも5倍以上重視することによって，スチールホイールではなくアルミホイールを選択する状況になっていると推察できた．デザイン，操作性，走行性を重視する自動車愛好家グループでは，アルミホイールのこれらの点におけるメリットが環境調和性面でのデメリットを上回っていると評価されているのである．

このように，環境調和性に優れた商品であっても性能面で劣る点があると，購

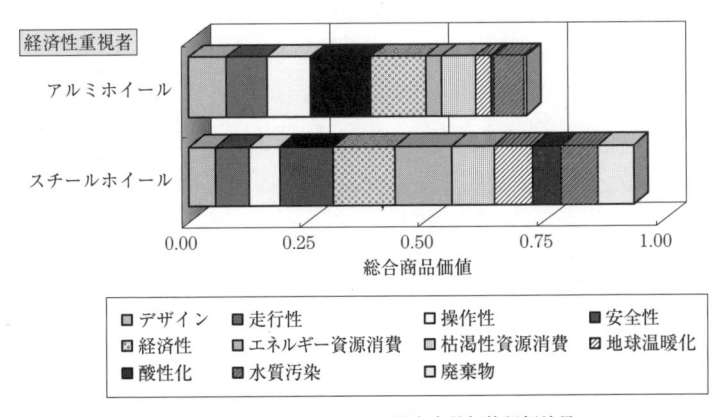

図-3.9 経済性重視者による総合商品価値評価結果

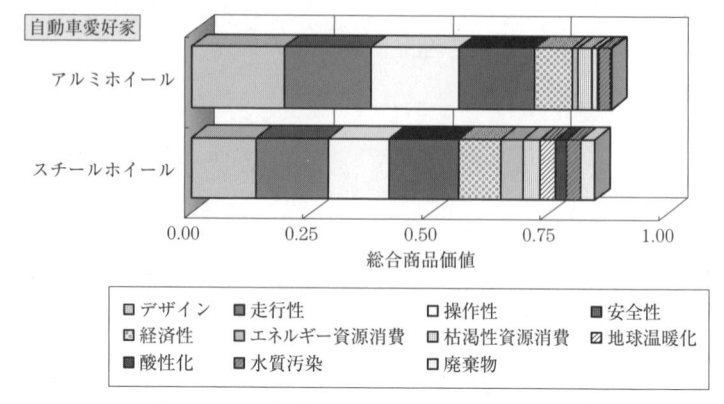

第3章 環境へのやさしさと性能をバランスしていくこと

図-3.10 自動車愛好家による総合商品価値評価結果

買者が商品の性能を重要視することによって，環境調和性の低い商品が選択されてしまうことがある。

なお，今回の環境負担性評価ではホイールを製造する際の資本財を考慮していない。そのため，製造施設の条件(例えば，アルミホイールを製造する場合では，スチールホイールの場合と比べて大型の機械，器具類を使わなくても済む，施設をコンパクト化できるなど)を含めた場合には異なる評価結果が得られる可能性があるなど，環境負担性評価を行う範囲の設定の仕方により結果が左右されることがある。また，データも現段階で入手可能なもののみを用いたため，業界全体としての詳細なデータの整備により評価結果に違いが出る可能性もある。

また，性能評価では，自動車およびホイールメーカーの考え方，あるいは消費者の価値観の違いにより，評価項目や項目の重視度は異なる。そのため，総合評価における結果も，本ケーススタディで得られたものに限定されるものではない。

3.4.3 ホイールの総合商品価値評価の向上

以上の評価結果より，自動車用ホイールの性能と環境調和性を高次元で両立させるためには，スチールホイール，アルミホイールそれぞれで，次の取組みが必要であることがわかった。

（1） スチールホイール

① 自動車愛好家が重視するデザイン，操作性，走行性をアルミホイール並みに引き上げるような設計ならびに製造技術開発が必要である。最近はかなり洗練されたデザインのホイールも生産されつつあり，軽量化(これにより操作性，走行性が向上)とともにデザインの洗練化を推し進めれば，自動車愛好家を含めて広く選択される商品となる。

② 同時に，アルミホイールに対して優位である環境調和性をさらに高めるように，最も環境負荷の多いプロセスである原材料製造における環境負荷を減少させる技術開発やリサイクル材使用率の向上に取り組むことが良い。

（2） アルミホイール

① デザイン性，操作性，走行性の良さを生かしたまま，環境調和性をスチールホイールにできるだけ近づけるように材料・製品の製造技術を開発していくことである。

② 設計の工夫や製造プロセスの見直し等によって，アルミホイールのデザインの良さという特性を損なわずに，使用重量を現在よりも減らすことによって環境負荷を低減化できる。さらなる軽量化を推し進めることも商品価値向上において重要な要素である。

③ また，アルミニウムはリサイクルによる環境負荷低減の割合が大きいことから，これまでの性能等は維持しながら，リサイクル材使用比率の増加する技術の開発ならびに効率的なリサイクルシステム作りが求められる。ホイール to ホイールのリサイクルシステムが構築できれば，相当に環境調和性を高めることができる。

3.5 まとめ

今回は，自動車用ホイールを対象に，多様な側面を持つ商品の価値というものを，提示した総合評価システムによって評価したが，この評価システム・手法は，対象製品の評価を通じて，種々の購買者層から見た対象製品の商品価値とその内訳を明らかにできるものである。そして，高次元で性能と環境調和性を両立

第3章 環境へのやさしさと性能をバランスしていくこと

させた製品としていくための課題と目標レベルを把握することが可能となる。

さらに，購買者層を想定することによって，環境調和性に優れ，かつ，要求される性能を持つ商品の開発方向を把握できる。

今後，環境負荷評価を行うためのデータベースの充実，LCAの方法論の国際的確立によって，提案した総合商品価値評価法を環境調和性と性能を高次元でバランスさせた商品の開発に役立ち得ると考える。

参考文献

1) K. Saur, M. Finkbeiner, J. Hesselbach, J. Stichling, M. Wiedemann : Environmental friendly and Cost efficient Body Designs.
2) M. Finkbeiner, K. Saur, M. Harsch and P. Eyerer : Life‐Cycle‐Engineering of Automotive Body Painting.
3) K. Nakano, H. Miura and Y. Wada : Proceedings of the 3rd. International Conference on ECO‐MATERIALS, 1997.
4) 中野加都子, 三浦浩之, 和田安彦, 村上真一：環境調和性と商品価値の総合評価—醤油容器に試みたケーススタディ—, 土木学会第26回環境システム研究論文集, pp. 111‐117, 1998.
5) 村上真一, 和田安彦, 三浦浩之：製品の環境負担性と性能の総合評価—自動車ホイールを対象としたケーススタディ—, 土木学会年次学術講演会概要集Ⅶ, pp. 384‐385, 1998.
6) Saaty, T. L. : The Analytic Hierarchy Process, McGraw‐Hill, 1980.
7) 木下栄蔵, 海道清信, 吉川耕司, 亀井栄治（編著）：社会現象の統計分析 手法と実例, 朝倉書店, 1998.
8) （社）軽金属協会・軽金属車輪委員会：自動車部品のアルミ化調査報告, 1996.
9) H. H. Kellog : Trans AIME, 188(1950), 862.
10) Itaru YASUI : A New Scheme of Life Cycle Impact Assessment Method Based on the Consumption of Time, The Third International Conference on EcoBalance, pp. 3‐5, 1998.
11) Heijung R.(final ed.) : Environmental Life Cycle Assessment of Products Guide and Background, National Reuse of Waste Research Program, CML, Leiden, 1992.
12) B. Steen, S. O. Ryding (Swedish Environmental Research Institute) : The EPS Enviro‐Accouting Method‐An application of environmental accounting principles for evaluation and valuation of environmental impact in product design, G teborg, 1992.
13) BUWAL Schriftenreihe Umwelt Nr. 297 : Bewertung in Okobilanzen mit der Method der okologischen Knappheit‐Okofatoren 1997, Bern, 1997.
14) Mark Goedkoop : Eco‐indicator95, NOH9524 and 9524, 1995.
15) 新エネルギー・産業技術総合開発機構, （財）地球環境産業技術研究機構, （社）化学工学会：平成8年度調査報告書「環境負荷分析におけるインパクトアセスメントに関する調査」.
16) 包装廃棄物のリサイクルに関する定量的分析, 野村総合研究所, 1995.
17) 新環境管理設備事典編集委員会：廃棄物処理・リサイクル事典, 1995.
18) 資源エネルギー庁監修：資源エネルギー年鑑1990・2000, 1999.1.
19) 例えば, 永田勝也, 前野智春, 代田和彦, 羽島之彬：LCAにおける指標統合化への試み—カテゴリー重要度と環境意識に関する海外調査—, 第9回廃棄物学会研究発表会講演論文集, pp. 91‐94, 1998.

第4章 住環境とごみ処理施設建設受入れ意識の関係

4.1 NIMBY という考え

　かつて廃棄物中間処理施設は，人々に嫌がられる施設として郊外や山中に建設されていたが，ごみの自区内処理の原則によって東京都で各区に中間処理施設（清掃工場）が設置されているように，市街地に中間処理施設が建設されるようになった。しかし，周辺住民との合意が容易には得られないことなどから，廃棄物の処理・処分施設の立地が困難な状況となっている。その背景には，処理・処分施設の立地に伴う施設の信頼性や安全性に対する不信感，施設の稼動に伴って憂慮される周辺環境の汚染等が考えられる。また不法投棄を含む不適正な処分等により，イメージの悪化に拍車をかけてきたことがあげられる[1]。この結果，廃棄物中間処理施設や最終処分場は，総論としてだれもがその施設の必要性を認めているが，各論として自分の居住地区や地域には建設してほしくない施設，いわゆる NIMBY(Not In My Back Yard) 施設となってしまっている。

　このような中間処理施設等に関わる論議は，新規に施設を建設する段階で発生するだけでなく，建設された施設についてもその存在および増改築，解体後の新築においても生じている[2]。さらに，主要なダイオキシン排出源として廃棄物中間処理施設がメディアに取り上げられたことから住民はダイオキシンの排出に敏感となっており，施設の新築・増改築においては，特にダイオキシン対策を徹底するとともに，公害の防止，環境の保全にも努めることが必要である[3,4]。

　このように廃棄物中間処理施設に関しては多くの問題があるため，処理施設の建設・増改築等の際には，周辺地域の住民に対して合意形成が必要である。まず

第4章 住環境とごみ処理施設建設受入れ意識の関係

処理施設の安全な設計・施工および公害防止対策や環境アセスメントの充実を進め，住民の不安を解消することである．次に立地選定段階から運営に至るまで，住民参加による不信感の解消に取り組み，便益事業の創出等の地域開発と周辺住民に対する支援を行って，地域に融和した処理施設を提案することである[5]．

住民の不安を解消するために情報提供は必要であるが，的確な情報を提供するには，施設建設に対して住民がどのような不安を抱いているかを把握する必要がある．また，地域に融和した施設とはどのような施設か，住民が望んでいる便益，サービスとはどのようなものか把握する必要がある．

そこで，本章では，異なる環境条件にある3つの地区を取り上げ，廃棄物中間処理施設が自分たちの身近な場所に建設されることをそれぞれの地区住民がどう思うのかを調べてみた．

4.2 調査対象地域

調査対象地域は，
① 既に近隣に廃棄物中間処理施設が立地している地域(大阪市城東区A地区)，
② 廃棄物中間処理施設が立地していないニュータウン地域(大阪府吹田市千里ニュータウンB地区)，
③ 廃棄物中間処理施設が立地していない古くから住居と商・工業地が隣接・混合して形成されてきた地域(大阪市福島区C地区)，
の3地域である．

4.2.1 大阪市城東区A地区

城東区は大阪城の東に位置し，地勢的には東部の低湿地帯である旧大和川流域に属し，標高1～2mと区域全般に低く平坦で，東西に寝屋川と第2寝屋川が流れ，南北に城北川，平野川，平野川分水路が通じるなど，河川が多く，他区にない特徴を示している．

鉄道交通網では地下鉄谷町線，長堀鶴見緑地線，中央線，JR学研都市線，京阪電鉄の各鉄道が区内を走っている．

4.2 調査対象地域

　道路交通網では東西方向に古市清水線（国道163号），東野田茨田線（鶴見通り），片町徳庵線（城見通り），中央大通り。南北方向には，新庄大和川線，森小路大和川線，豊里矢田線（一部未完成），区内中央部を鍵型に国道1号が走るなど都心へのアクセスも良好な交通至便の地である。

　当区は明治時代から鉄道が開通し，陸軍砲兵工廠や紡績工場ができ，その後，次第に関連工場が集まり，また寝屋川や第2寝屋川，城北川沿いには金属・機械・化学関係の工場が集中するようになった。また，区内南部には衣料・縫製関係の事業所も多く，生野区，東成区，鶴見区とともに市内東部の工業地帯を形成してきた。

　現在の当区は，区内北東部の関目・蒲生地区が戦前に行われた土地区画整理事業により緑の多い整然とした街区となり，また西南部の森之宮地区では，かつての陸軍砲兵工廠跡地がJR，地下鉄の車庫として，陸軍練兵場跡地には高層住宅団地が，さらに鴫野地区も再開発により新たな高層住宅群が出現するなど，街並みは大きな変貌をとげてきた。そして近年では，区内各地区で工場等の転出跡地等に高層集合住宅や大規模小売店が相次いで建設されるなど，生活・交通至便な住宅地へと変化しつつあり，それにつれて人口および世帯数は増加の傾向を示している（以上，城東区HPより要約）。

　本章では，城東区内に立地しているA処理施設を中心として南東方向に半径1.0 kmの範囲を対象地区とした。柏原は下水処理場やごみ焼却場の場合，迷惑率（単位人口当り施設立地を迷惑と評価するものの割合）と距離との関係は，施設から300～400 mまでが影響圏であるとしており[11]，本章ではA処理施設からの距離による住民意識の違いを解析するため，これより広く設定した。また河川や鉄道駅の位置関係等から，A処理施設の北側は地域的に分断されていると考え，対象地域から外した。

　A処理施設に隣接して公営集合住宅が複数棟あり，そこには，小さな子供のいる比較的若い夫婦や，定年後の老夫婦が居住している。公営集合住宅の一部では，冬期に有料にてA処理施設から熱供給が行われている。また，都市内河川を挟んで戸建て住宅が建設されており，対象地域のすぐ外側には大規模商業地や大型の公園が存在する。

　図-4.1に城東区の位置を，図-4.2に調査地区の概要を示す。また，対象地区

第 4 章　住環境とごみ処理施設建設受入れ意識の関係

の状況を**写真**-**4.1** に示す。

図-**4.1**　大阪市城東区の位置

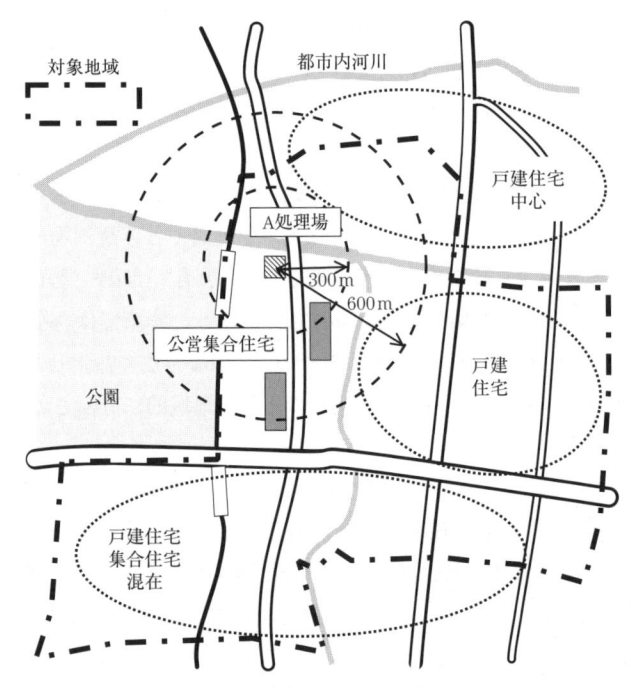

図-**4.2**　大阪市城東区 A 地区の概略図

写真-4.1　城東区 A 地区の状況

4.2.2　吹田市千里ニュータウン B 地区

　千里ニュータウンは，全国初の大規模ニュータウンとして開発されてきたまちで，昭和37年にまち開きし，昭和45年の日本万国博覧会開催を機に広域交通の整備が急速に進展した．まち開きより既に約40年が経過し，今では「緑が豊かな落ちついた街」へと成長している．また，国土軸に面した交通アクセスに非常に恵まれた立地条件にあり，現在では，ニュータウン内外に学術研究，国際文化施設等の集積が進んでいる．

　対象としたB地区は千里ニュータウン内を走っている私鉄の駅を中心とする地

区であり，駅に近いエリアには高層集合住宅が，やや離れたエリアには比較的敷地面積の広い戸建て住宅が集まっている，いわゆる閑静な住宅地である．

　図-4.3，4.4に千里ニュータウンの位置と地区構成を，図-4.5に調査地区の概要を示す．また，対象地区の状況を写真-4.2に示す．

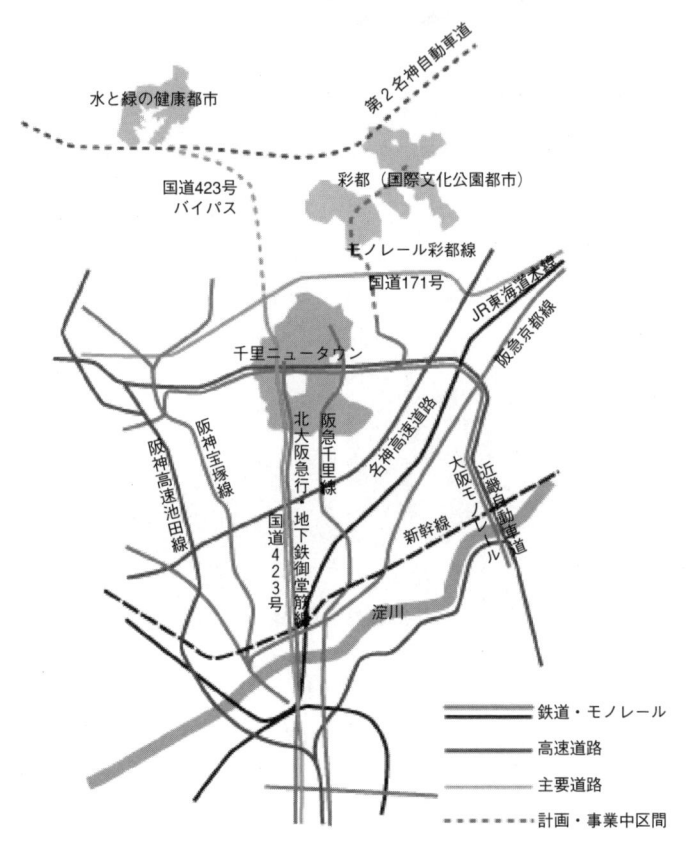

図-4.3　千里ニュータウンの位置図(千里ニュータウンのまちづくりホームページ http://ss7.inet-osaka.or.jp/~seikan/より引用)

4.2 調査対象地域

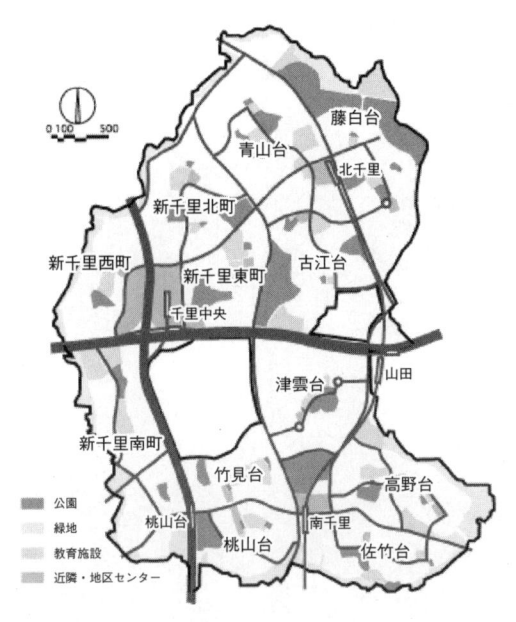

図-4.4 千里ニュータウン地区（千里ニュータウンのまちづくりホームページ http://ss7.inet-osaka.or.jp/~seikan/ より引用）

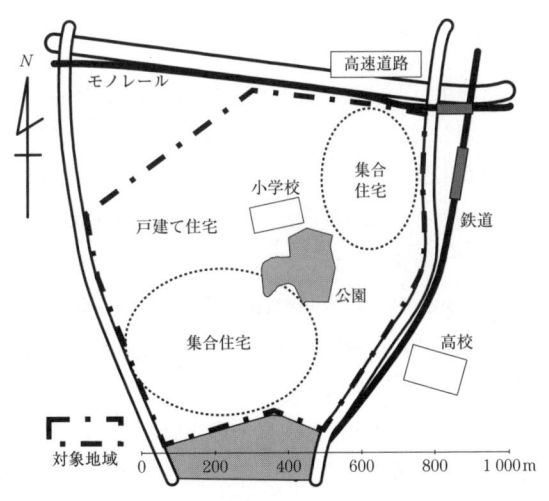

図-4.5 千里ニュータウンB地区の概略図

第 4 章　住環境とごみ処理施設建設受入れ意識の関係

写真-4.2　千里ニュータウン B 地区の状況

4.2.3　大阪市福島区 C 地区

　福島区は，北に新淀川，南は堂島川・安治川に面し，大阪市の西北部に位置している。平成 9 年 3 月には，大阪の東西を横断する「JR 東西線」が開通し，区内にも 2 つの新駅が誕生した。これによりキタのビジネス街に直結するとともに，大阪の東部方面へのアクセスも至便となり，環状線，地下鉄，阪神電車と併せて区内に 9 箇所の駅を有する交通事情に恵まれた区となった。

　国道 2 号線に加えて，阪神高速道路や幹線道路が数多く整備され，2 号線のみならず区内の幹線道路沿いに，中層ビル，マンション等が増加してきており，景観も大きく変わりつつある。

　一方では幹線道路を一筋入ると，戦前からの古い町並みが多く残存し，近所の人情味豊かで気さくな下町風情もここかしこに残っており，その特性を基盤とし各種団体を中心とした「活気とうるおいのあるコミュニティづくり」が進められて

4.2 調査対象地域

いる．同時に高齢化率が高いことから，お年寄りが住み慣れた町で安心して暮らせるよう「老人福祉サービス」の充実をはじめ，在宅支援のネットワーク活動が積極的に進められるなど，高齢者を対象としたボランティア活動も次第に定着しつつある（大阪市都市工学情報センター資料より）．

対象地区は土地区画整理が進んではいるが，相当数，戦前からの住宅地が残る古い町並みが残されている地区である．

図-4.6 に城東区の位置を，**図-4.7** に調査地区の概要を示す．対象地区の状況を**写真-4.3** に示す．

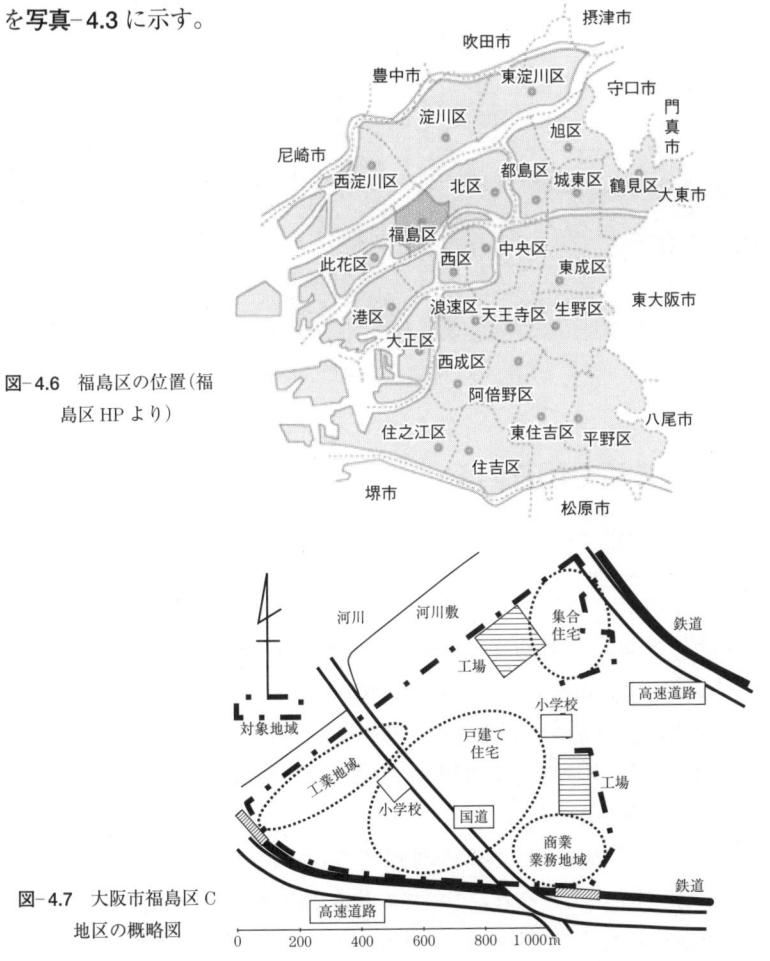

図-4.6 福島区の位置（福島区HPより）

図-4.7 大阪市福島区C地区の概略図

第4章　住環境とごみ処理施設建設受入れ意識の関係

写真-4.3　福島区C地区の状況

4.3　調査方法と調査内容

4.3.1　調査方法

　ここでは，市街地に一般廃棄物中間処理施設が立地している数少ない地域である大阪市城東区A地区(処理施設近接地区)住民を対象とし，これと対比させるために，一般廃棄物中間処理施設が立地していない住宅地域である吹田市千里ニュータウンB地区と，住居が工場等と比較的隣接して存在する大阪市福島区C地区の住民に対しても，廃棄物中間処理施設建設とその補償としてのエネルギー供給に関する意識調査を行った。

　調査では，「あなたの家の近くに廃棄物中間処理施設が建て替えられるとしたら」という仮定条件を示し，それについての賛否や施設からのエネルギー等の供給についての質問を行った。さらに，環境に対する認識，意識についても質問し

た。

　調査では，対象地区内の各住居を無作為抽出し，個別訪問して調査に関する説明をしたうえで調査票を渡し，郵送にて返送してもらう方式をとった。各地区とも調査票を 200 通配布した。

4.3.2　調査内容

調査内容は，次の事項である。
① 廃棄物中間処理に関する知識の有無と，その内容，
② 処理施設に関する情報への興味，
③ 施設建設への賛否とその度合い，理由，
④ エネルギー供給を行った場合の施設建設への賛否，
⑤ 施設建設の見返りとして求めるサービス。

4.3.3　調査票回収状況

　各地区での調査票回収状況を表-4.1 に示す。回収率は 68 〜 82 ％であり，全体平均では 75.5 ％であった。なお，回答者の属性は，章末に資料として示す。

表-4.1　各地区での調査票回収状況

地　区	回収数	回収率
城東区A地区	136	68.0％
千里NT B地区	164	82.0％
福島区C地区	153	76.5％
全　体	453	75.5％

4.4　最新鋭の廃棄物中間処理施設建替えに対する意識

　現在ある廃棄物中間処理施設が老朽化したため，各種の環境問題や健康被害を最大限生じさせず，しかも資源のリサイクル性を向上させることができ，エネルギー利用も行える最新の施設・設備を持つ中間処理施設へと改築することに対して，あらかじめ次に示す建替え施設に関する情報を提示したうえで，質問を行い，各地区の住民がどのように考えるのかを調べた。

> ごみ処理施設が老朽化したため，あなたの家から約 250 m の地点に建て替えることになりました。以下の問いは，環境や健康に配慮した最新設備のごみ処理施設が，あなたの家から 250 m の地点に建設されると想像してお答え下さい。

第4章 住環境とごみ処理施設建設受入れ意識の関係

特徴	・ごみの搬入口から臭気が外に出ないようになっている
	・厳しくなったダイオキシンの排出規制に対応する
	・プラスチックの種類や色を見分ける機械により，リサイクル率を高めている
	・ごみを燃やした時の熱を利用して発電し，その電気や熱を利用する

選択肢としては，「生活に必要だから仕方ない」，「ぜひ最新施設にすべき」，「どのような影響があるか知りたい」，「なるべく建設してほしくない」，「建設してほしくない」，「どちらでもよい」の6つとした。

4.4.1 最新のごみ処理施設への建替え

建替えに対してどう考えるかについては，地区により明確な差異が見られた（図-4.8）。

A地区では，「ぜひ最新施設にすべき」(33%)であり，「どのような影響があるか知りたい」(28%)という考えを持つ人が多く，「なるべく建設してほしくない」(20%)，「建設してほしくない」(7.5%)と考える人の割合は他地区より少ない。

B地区では，「なるべく建設してほしくない」(31%)，「建設してほしくない」(14%)といった建替えに否定的な人の割合は合わせて45%にも達している。一

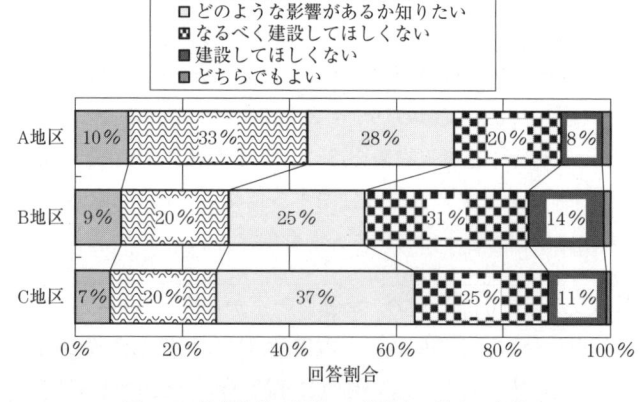

図-4.8 最新設備の施設への建替えに対する意見

方，建設するなら「どのような影響があるか知りたい」と考えている人は25％と他地区より少ない。

一方，C地区では，まず「どのような影響があるか知りたい」という人が多く(37％)，「なるべく建設してほしくない」と考えた人の割合は25％とB地区よりも約5ポイント少ない。

A地区で「ぜひ最新施設にすべき」と考えた人が多いのは，既にこの地区の近傍に中間処理施設があり，他地区のようには建設しないという選択肢があまり意味を持たないことと，現状でも施設立地により何らかの影響を受けており，それが減少することを期待して，できれば最新設備へと転換してもらいたいと考えていることによる。

反対に，B地区はニュータウンであるため住宅地が大半で，若干の近隣商業施設があるといった均質的な住環境であり，このような地区に中間処理施設という住環境の質を低下させる可能性がある施設の立地に対して忌避感を抱いていることがわかる。

C地区は，他地区と比較してごみ処理に関する知識が多くない人の割合が高かったこと，および現在の住環境が商業・工業施設等が住宅と混在している状況にあり，住宅と異なる施設の立地に対しての忌避感がB地区よりも少ないことが想像できる。

このように，地区の住環境とごみ処理等に関する知識の多寡が中間処理施設建替えに対しての考え方に影響している。

なお，いずれの地区でも「生活に必要だから仕方ない」という考えを持つ人は少ない。これは，生活に必要な施設であってもそれによって現状の生活環境が悪化するようなことを容認することにはならないことを表している。さらに，もし建設するとしても，最新の設備にして環境影響を極力低減させることや，施設の諸元・性能・能力等や施設立地に伴い生じる周辺地域・住民への影響を明確にすることが，大前提であると人々は考えている。

4.4.2 施設建替えで気になる事項

最新設備施設に建て替えた場合に気になる事項を，最も気になる事項，2番目に気になる事項，3番目に気になる事項に分けて聞いた。結果を**図-4.9**に示す。

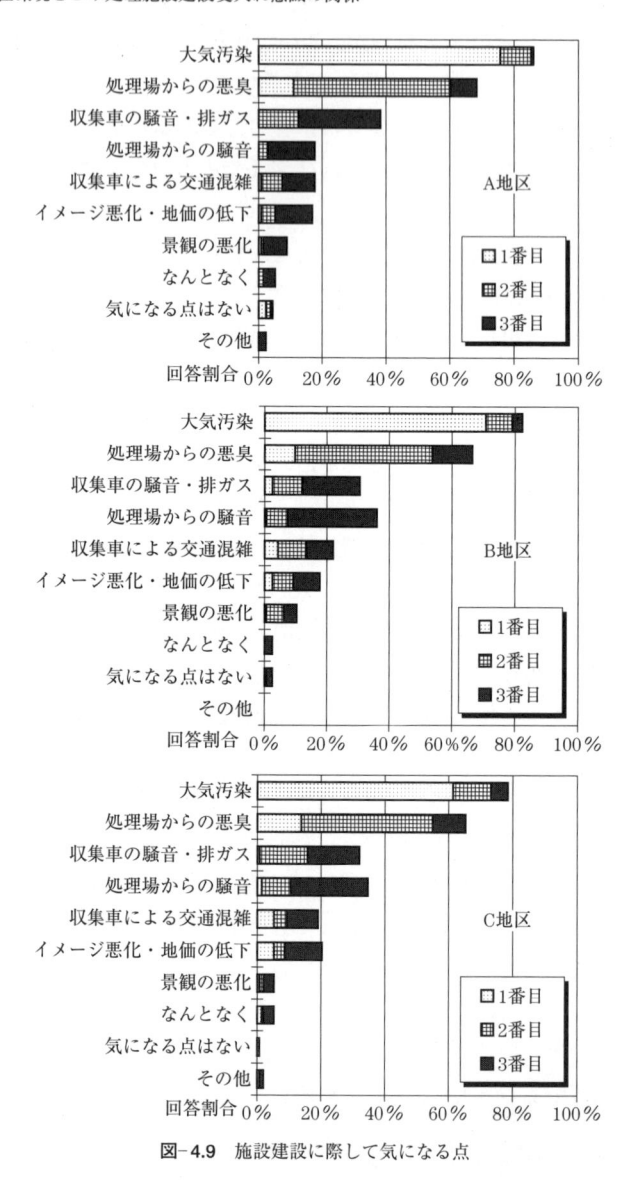

第4章 住環境とごみ処理施設建設受入れ意識の関係

図-4.9 施設建設に際して気になる点

1番目に「大気汚染」，2番目に「処理場からの悪臭」，3番目に「処理場からの騒音」あるいは「収集車の騒音・排ガス」を選択した人が大多数であった。

A地区で「処理場からの騒音」を気になる点としてあげた人が少なかったこと以外は，地区による差はほとんど見られなかった。施設が立地することに対して気にする事項には，地区の住環境や住民の差違はあまり影響しないようである。

なお，A地区で「処理場からの騒音」を気にする人が少なく，他地区でやや多いのは，現在，施設が周辺にない地区の人は中間処理施設立地によって何らかの騒音問題が生じることを危惧しているが，実際に施設が近傍にある地区では，施設からの騒音がさほど問題視する状況にないことを実感しているためと思われる。

このことは，中間処理施設立地において周辺住民の抱く危惧の一部は，正しく信頼性の担保された情報を提供していくことで解消されうることを示している。

4.4.3 施設建替えにおける不安感を取り除く方法

どのような対応を行えば，中間処理施設建替えに伴う不安感(気になる点，心配等)をなくすことができるかを尋ねたところ，「専門家による調査によって問題のないことを示す」ことが最も多い回答であったが，これに次いで「自分たちが調査や見学を行い問題のないことを確認すること」を望んでいた(図-4.10)。これは，行政の発する情報に対して住民が信頼を置いていないこと，自分たちの目で確認して安心感を得たいという思いを持っていることを表している。これまでの行政による中間処理施設立地場所選定における不透明性や，施設稼動に伴い生じている環境影響を正しく住民に公開してこなかったことが，このような行政に対する不信感を生じさせ，自分たちで確認したいという思いを生み出している。このことは，厳しく認識しておく必要がある。

また，何らかの見返りが施設側からあっても，施設に対する不安感は解消されるものではないことが示されている。したがって，施設に対する不安感の解消には，正確な情報提供が必要であり，見返りによって不安感を払拭しようとすることはかえってマイナスの印象を与えることが考えられる。

4.4.4 施設建替え時に併設してほしい施設

中間処理施設を建て替えることで，様々なサービス(空間的資源，エネルギー資源)を提供できるとした場合に，望むサービスは何かを調べた(図-4.11)。地区による差はあまりなく，いずれの地区においてもエネルギー供給関連施設

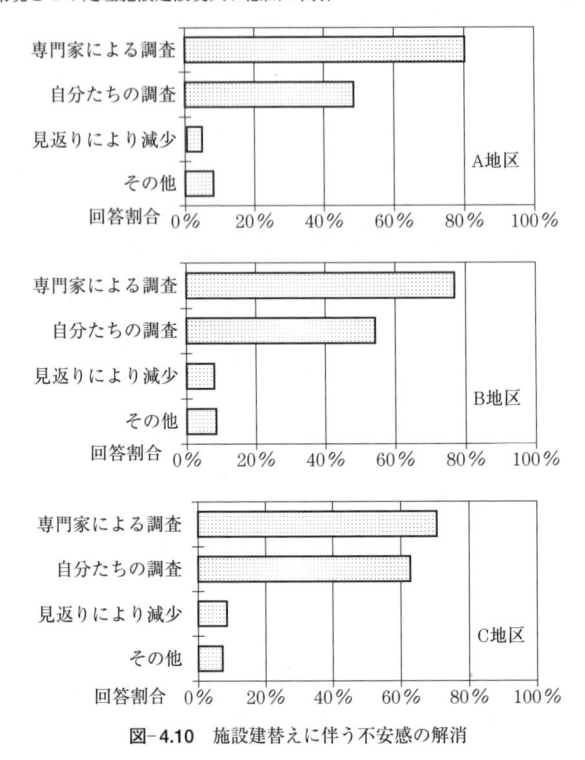

図-4.10　施設建替えに伴う不安感の解消

併設が望まれている。これらに次ぐのは，緑地や公園・広場，およびフィットネスジムであり，やはり，自分たちが直接に便益を得られるものが望まれている。

4.4.5　地区還元施設併設による建替え意識の変化

中間処理施設建て替えに伴い，地区に何らかのサービスを提供するために併設される施設を「地区還元施設」と呼ぶことにする。地区住民が望んでいる地区還元施設を併設することによって施設建替えを受け入れられるようになるかどうかを質問した。

図-4.12に示すように，施設併設によって半数以上の人々が中間処理施設の建替えを受け入れられるようになると判断しており，施設を併設しても施設建替えを受け入れられない人の約2倍程度になっている。中間処理施設が立地することにより，自分たちが何らかの影響を被ると考え，その代償を望んでいる。

4.4 最新鋭の廃棄物中間処理施設建替えに対する意識

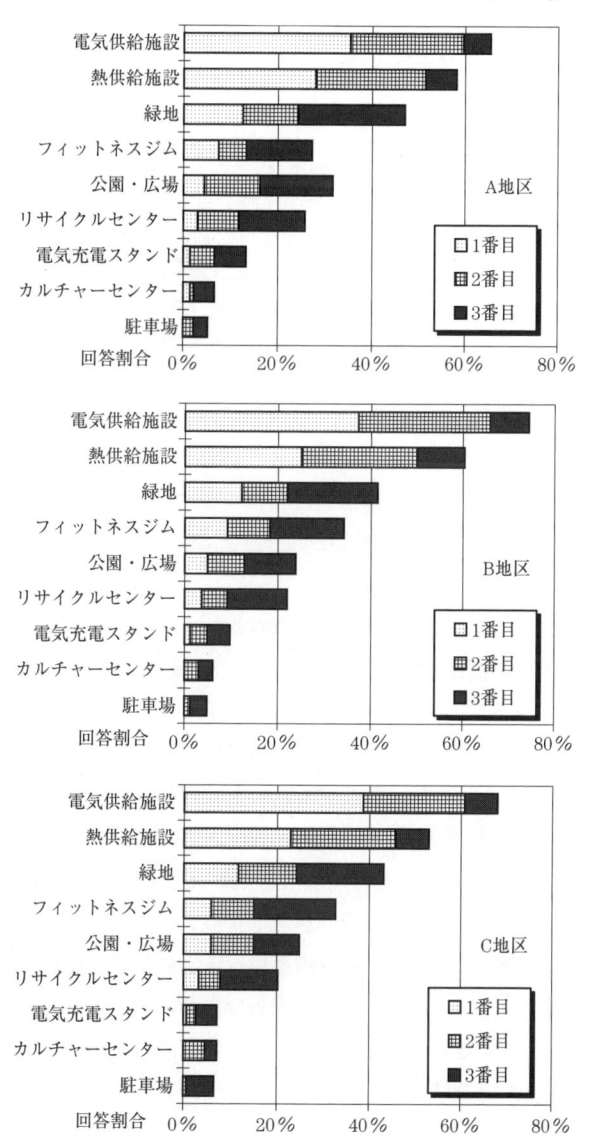

図-4.11 施設建替え時に併設してほしい施設（1～3番目を選択）

これは，"中間処理施設を NIMBY 施設として認識し，自己の住まいの近くに施設が立地することは忌避したいが，その忌避の気持ちは何らかの代償があれば無

第4章　住環境とごみ処理施設建設受入れ意識の関係

凡例：
- □ 施設がなくても受け入れられる
- ▦ 施設があれば受け入れられる
- ■ 受け入れられない
- □ 他の施設であれば受け入れられる

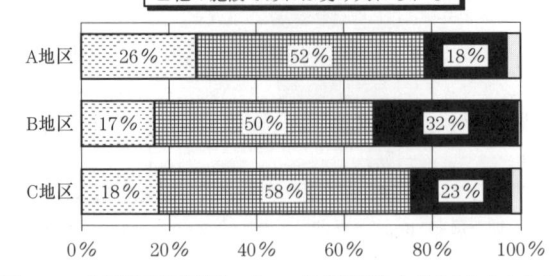

A地区：26%／52%／18%
B地区：17%／50%／32%
C地区：18%／58%／23%

図-4.12　地区還元施設併設によって処理場建設を受け入れられるか

くなる程度のものである"と解釈することができる。

しかし，その一方で，施設立地は避けられないこととして，"どうせ施設ができて迷惑を被るのなら，その見返りに○○○を地区に還元してほしい"と思っているとも解釈できる。

このどちらで解釈すればよいのかを確かめるため，中間処理施設建替えに対する質問で，「生活に必要だから仕方がない」，「ぜひ最新施設にするべきだ」と回答した人が"肯定的意識"を持ち，「どのような影響があるか知りたい」を"慎重的意識"，「なるべく建設してほしくない」，「建設してほしくない」を"否定的意識"と区分して，各地区のそれぞれの意識層の割合を整理した結果が図-4.13である。

この施設建替えに対する意識と，地区還元施設を併設した場合の意識(図-4.12)を対比して考えてみる。そうすると，建替えに対して否定的意識を持っている人々のおよそ55〜70％は，還元施設が併設されたとしても建替えを受け入れるようにはならないこと，慎重的意識を持つ人々の多くは還元施設併設により受け入れる意識になったと考えることが妥当である。

すなわち，もともと施設の建替えを忌避したいと考えていた人々は，何らかの代償があってもその意識は大きくは変わらず，中間処理施設建替えによる環境影響を見定めたうえで判断したいと考えていた人々が，代償のあることで建替えを受け入れるようになったといえる。

本来，対象とする中間処理施設立地においては，その周辺地区への影響を正しく周辺住民に公開し，これを理解し，納得してもらったうえで施設の立地をすべ

4.4 最新鋭の廃棄物中間処理施設建替えに対する意識

	肯定的意識	慎重的意識	否定的意識
A地区	44%	28%	28%
B地区	29%	26%	45%
C地区	26%	38%	36%

図-4.13 中間処理施設建替えに対する意識

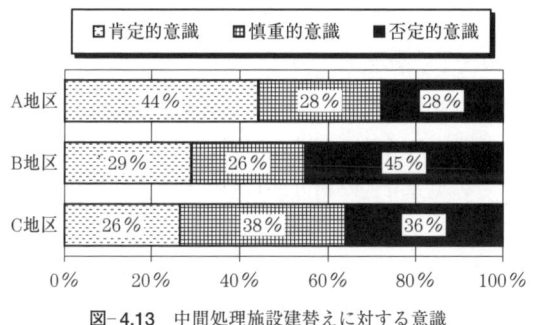

きであるが，エネルギー供給等の代償的行為を行うことで，このような本質的な視点が欠けてしまう怖れがある．このように考えると，短絡的に中間処理施設立地の代償としてサービスを提供していくことが適切な施策とはいえない．

地区別には，B地区がこのような地区還元施設を併設しても建替えを受け入れられない人の割合が他地区よりも10ポイント程度多く，B地区で居住地域へ愛着を持っている人，現状の住環境に対する満足度の高い人が最も多かったことが，この評価に結びついていると考えられる．

一方，最も施設の建替えに対して肯定的なのがA地区である．これは，現状でも中間処理施設が近傍に立地しており，その影響を既に受けて生活を送り，施設立地による影響がどの程度であるかを認知しているためであろう．現状の生活環境の変化が最も少ないと想像できるのがA地区であり，これが肯定的意見の多い結果として表れている．

以上より，2つの解釈，"中間処理施設をNIMBY施設として認識し，自己の住まいの近くに施設が立地することは忌避したいが，その忌避の気持ちは何らかの代償があれば無くなる程度のものである"と"どうせ施設ができて迷惑を被るのなら，その見返りに〇〇〇を地区に還元してほしい"は，地区の置かれている状況や住民の特性によってふさわしい解釈が異なってくるといえる．

4.4.6 供給サービス形態による中間処理施設建替えに対する意識の相違

エネルギー供給の形態によって，中間処理施設建替えに対する意識が異なるの

かどうかを調べた。

図-**4.14** に示すように，熱としての供給であっても電気の供給であっても，住民の意識に差は見られなかった。

このことから，提供されるサービスの形態にまで住民の意識が及ぶのは，実際に施設が立地し，その見返り的な措置としてエネルギー供給が行われることになってからであろう。

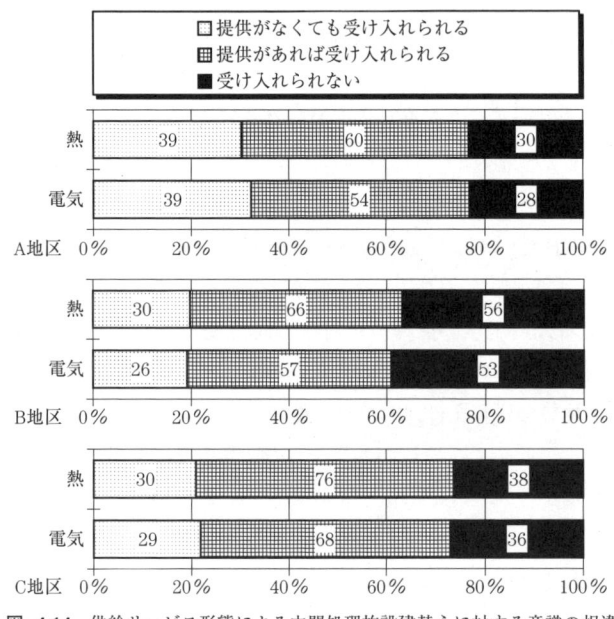

図-**4.14** 供給サービス形態による中間処理施設建替えに対する意識の相違

4.4.7 希望するエネルギー供給量

仮想として，1ケ月の料金の何%に相当する量のエネルギーを供給されれば，中間処理施設の建替えを受け入れられるようになるのかを推測してもらった。供給量を10%刻みで分けて質問を行い，その結果を図-**4.15**に示す。

各地区ともに，半数近くの人々が1か月の使用量(料金)の50～60％に相当する量の供給を望むようになることが判明した。全量供給を望む人は少なく，60％

4.4 最新鋭の廃棄物中間処理施設建替えに対する意識

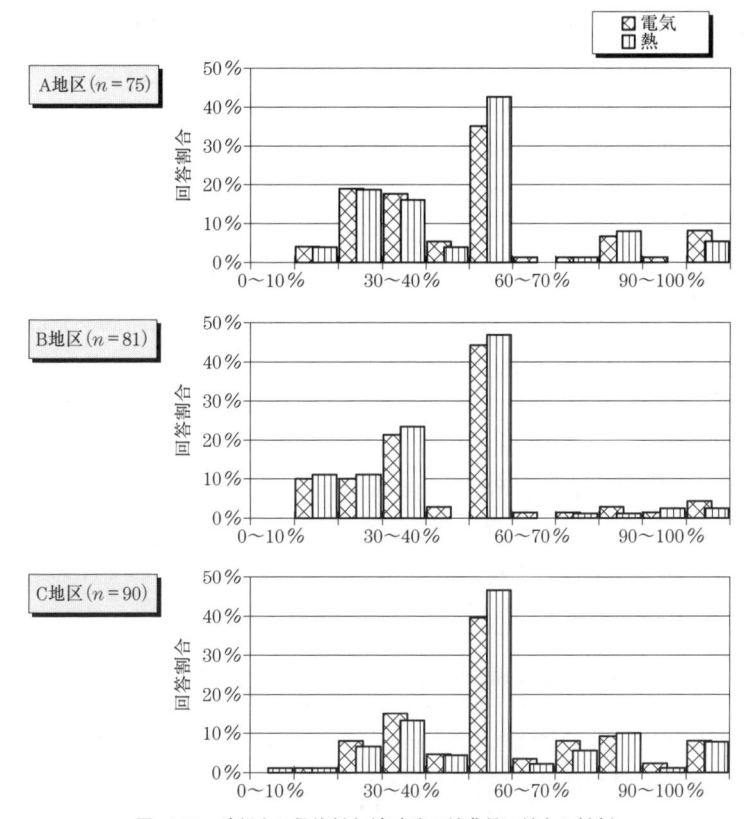

図-4.15 希望する供給割合（各家庭の消費量に対する割合）

以上の供給を望む人も少なかった。また，20～40％程度の量を望む人々も比較的多かった。

　中間処理施設の建替えを受け入れる場合にその代償としてエネルギーの供給を受ける場合，人々は自己の使用量のすべてを供給してもらうことには抵抗があり，1/2～1/3程度の供給が受け入れられやすい量であると考えていることがわかる。

　施設の立地が自分たちの生活に何らかの影響を及ぼすと考え，その代償を得ることにはあまり抵抗はないものの，その代償が大きすぎると，他地区の人々が自分たちをどう見るのかといったことなどが気になり，かえって負担に感じることになりかねないから，いわゆる"ほどほど"の割合を望んだのだと考えられる。

地区による違いを見ると，20 〜 40％程度の供給を望む人の割合が多く，60％以上の供給を望む人の割合が最も少ないのはB地区であり，その次がA地区であった。C地区は他地区に比べより多くの割合の供給を望む人の割合が多くなっている。地区としては，B地区が最も良好な住環境にあり，相対的に裕福な市民層が居住している。反対にC地区はいわゆる下町的な地区であり，総じてB地区よりも収入的にはやや少ない市民層が居住している。このような自己の経済的な状況がこのような差を生じさせているといえるものの，その差は経済的な状況の差に比べると小さいものである。したがって，経済的な状況はさほど提供されるエネルギー量の多寡に影響しないといえる。

なお，この結果でもエネルギーの供給形態は結果にほとんど影響しておらず，実際に供給されるような状況にならないと，人々はどのようなサービスの提供がよいのかを判断しづらいようである。

4.5 他地域での施設立地に伴うエネルギー供給に対する意識

4.5.1 処理施設立地地域でのエネルギー供給に対する意識

既存の中間処理施設立地地域において，施設立地の代償として周辺地区に廃棄物焼却処理に伴って創出したエネルギーを供給していくことをどう考えるかを質問した。その結果を図-4.16に示す。

いずれの地区においても，過半数の人が「特定の範囲の家庭すべてに供給」すべきであると考えており，特にC地区では70％近くの人がそのように考えている。また，「特定の範囲に希望者がいれば供給」すべきであると考えている人の割合はA地区，B地区が約30％，C地区が約20％である。「提供する必要はない」と考えている人の割合は10％未満と少ない。

やはり，他地域においても，中間処理施設が立地した場合には何らかの代償行為をすべきであると人々は考えている。

C地区において希望者ではなく全員に供給すべきであると考える人の割合が他地区よりも多いことは，この地区の住民は他の地区の住民よりも，"何らかの行動を地区で行う場合には住民全員が公平に参加するものである"という意識が強

4.5 他地域での施設立地に伴うエネルギー供給に対する意識

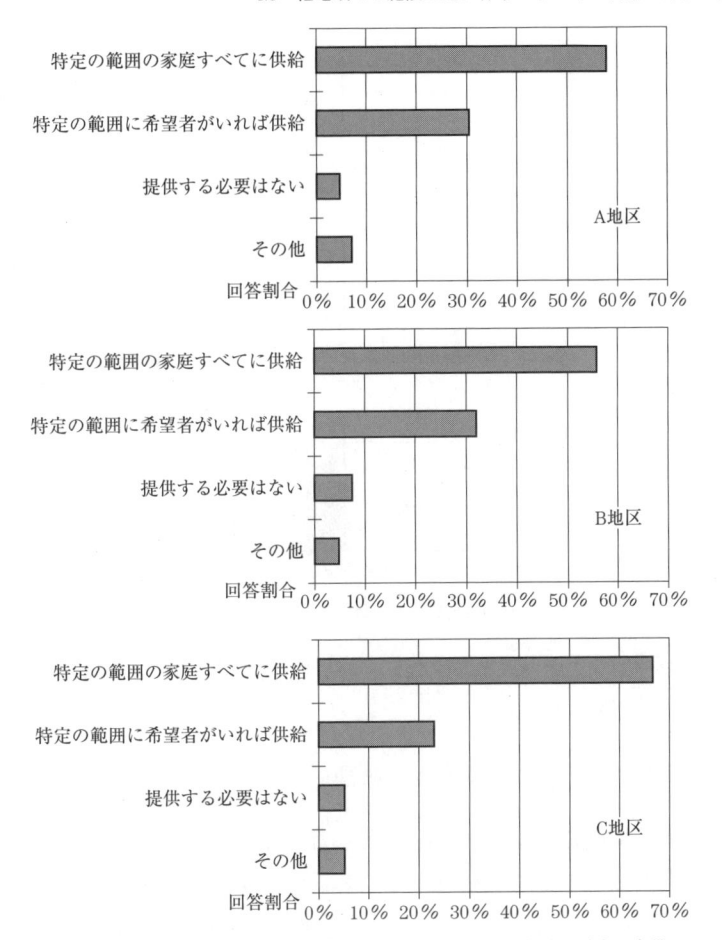

図-4.16 自地区以外の処理施設立地地域でのエネルギー供給に対する意識

いと思われる。住民間の連帯感が強いといえる。

4.5.2 処理施設立地地域でのエネルギー供給量に対する意識

既存の中間処理施設立地地域において，施設立地の代償として周辺地区に廃棄物焼却処理に伴って創出したエネルギーを供給する場合，どの程度の量を供給すべきであると考えているのかを調べた。結果を図-4.17に示す。

地区ごとの差はほとんどなく，先の設問の回答で明らかになった，自分がエネ

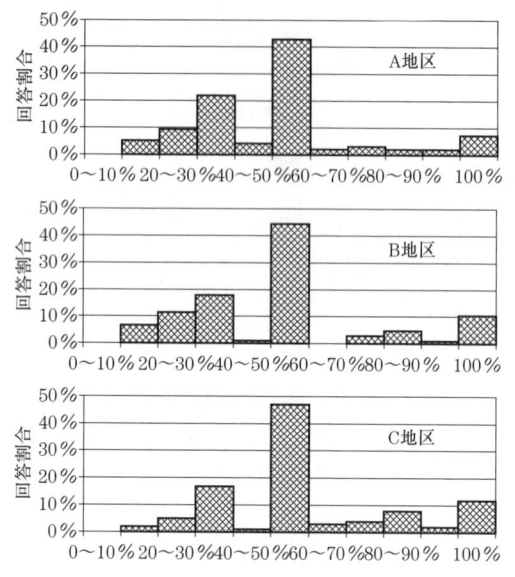

図-4.17 自地区以外の処理施設立地地域でのエネルギー供給量に対する意識

ルギー供給を受ける場合に望む供給量と同じ量を他の地区でも供給すべきであると考えていることがわかる。

4.5.3 エネルギー供給割合との関連

エネルギー供給実施によって施設立地に対して「施設がなくても受け入れられる」,「施設があれば受け入れられる」,「施設があっても受け入れられない」と考えるそれぞれのグループの人々が，もしエネルギーが供給されるのであれば現在の消費量の何割相当を供給してほしいと考えているのかを分析した．各グループについて，横軸にエネルギー供給希望割合，縦軸に累積回答者率をとって，その違いを比較したものを図-4.18に示す．

地区による違いはあまりなく，「（サービスを提供する併設）施設がなくても受け入れられる」人々が最も少ない供給割合でよいと考え，50％程度の供給割合までで，80％以上に達している．

反対に「どんな施設であっても受け入れられない」と考えている人々が最も多い供給割合を望んでおり，100％の供給を望む人が20％程度存在している．

4.5 他地域での施設立地に伴うエネルギー供給に対する意識

「施設があれば受け入れられる」と考えている人々は両者の中間の供給割合である。

これまでの分析で明らかになってきたように，「施設がなくても受け入れられる」と判断している人々は，他の人々よりも廃棄物中間処理施設に対して正しい理解を持ち，ごみ処理問題や環境問題に関する知識も持っている。このため，もしエネルギーの供給があったとしても，少ない割合で構わないと考えているのであろう。その一方で，施設を受け入れたくない人々は，エネルギーの供給があっても受入れ意識が変化することは少なく，このことがあまり現実的でない100％

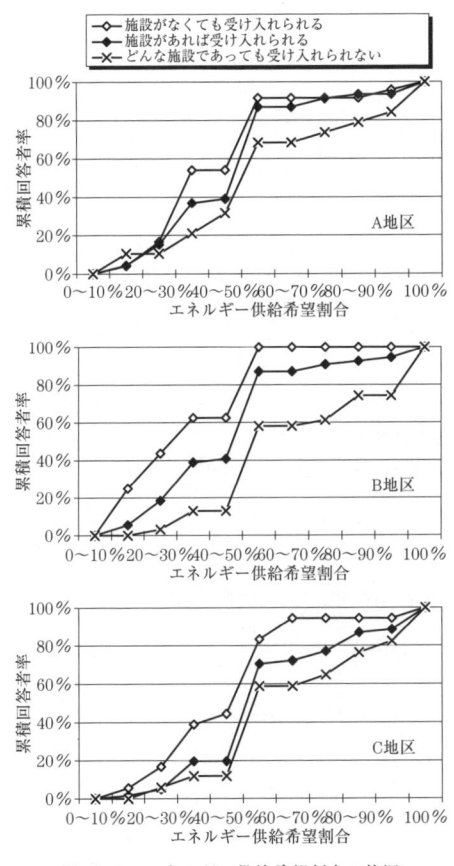

図-4.18 エネルギー供給希望割合の状況

供給という選択肢を選ぶ結果となって現れたと推測できる。

4.6 各地区住民の廃棄物中間処理施設等に対する意識

以上の調査結果から，各地区住民の廃棄物中間処理施設等に対する意識をまとめると，表-4.2のようになる。

表-4.2 廃棄物中間処理施設等に対する意識

	A地区（既設地区）	B地区（ニュータウン）	C地区（古い街並み）
ごみ処理問題への関心	◎	○	△
ごみ処理問題対策の認知	△ 技術的な対策への認知が高い	○ 社会システム的な対策への関心が高い	△ 他地区に比較して全体的に低い
施設公開情報への関心	地区による差はない ①ごみ焼却方法・処理方法，②ごみ処理量，③回収資源の種類・量に関心		
最新ごみ処理施設への建替え	最新施設に更新すべき	建設には否定的	影響を知りたい
建替えに対する憂慮事項	地区による差は少ない ①大気汚染，②悪臭，③騒音（A地区ではこれに対する憂慮は少ない）		
不安感を取り除く方法	専門家による調査＋自分たちによる調査 （専門家による調査に対する不信感が見られる）		
併設地区還元施設の希望	地区による差は少ない。直接便益をもたらす施設を希望 ①電気供給施設，②熱供給施設，③緑地，④フィットネスジム，⑤公園・広場 （A地区ではフィットネスジムよりも公園・広場への希望がやや多い）		
地区還元施設併設による意識の変化	施設併設により半数以上の人は受け入れられるようになると判断		
	肯定的意識を持つ人が多い	否定的意識を持つ人が多い	慎重的意識を持つ人が多い
希望するエネルギー供給量	1か月使用量の50～60％の供給を希望する人が最も多い		
		より少ない供給量でよいとする人が多い	より多い供給量を希望する人が多い
他地区でのエネルギー供給	過半数の人は「特定の範囲の家庭すべてに供給すべき」と考えている		
			希望者だけに供給すればよいという意見が少ない
他地区でのエネルギー供給量	自地区での供給希望量と同じ傾向		

4.7 ごみ処理施設建設における融和策

　全体として，廃棄物処理や処理施設，ごみ問題に関する知識等が施設建設の賛否に影響しており，「知らない」ことによる不安感が廃棄物処理施設建設への拒否反応となっている。全体的に若年層に反対が多いのもこのためである。よって，これらの人に対しては施設や廃棄物処理の現状に関する十分な情報提供を行ったうえで，施設からエネルギー供給が可能であるということを広く認知してもらうことが必要である。これにより施設に対する漠然とした不安を解消し，施設が存在することによるメリットを伝えることができれば，ひとまず拒否反応は避けられるであろう。そのうえで，確固たる理由があって施設の建設に反対する人に対して，反対する要因の明確化とその解決を図り，そのうえでエネルギー供給に対する賛否を問うべきである。

　今回の調査研究では，以上の点について必ずしも十分な調査と解析が行えたとはいえないが，廃棄物処理施設からのエネルギー供給に対する住民意識の分析結果に基づいて各地区における中間処理施設のエネルギー・資源供給施設化による地域融和について検討した。

4.7.1 A 地 区

　既に処理施設が近傍に存在していることから，施設の建替えを受け入れやすい状況にある。しかも，対象地区内の公営集合住宅では，現状においても有償ではあるが処理施設からの熱供給を受けていることから，総じてエネルギー供給に関する認知が高い。しかも，その供給希望量も他地区に比較すると少ない傾向が見受けられた。

　既存の処理施設周辺は公営のものも含めて集合住宅が多く，これらの集合住宅居住者は他地区の集合住宅居住者と比較して，「現在の収入にまあまあ満足している」，および「今後もこの地域に住み続けたいと思わない」と回答した割合が高い。これより，この地区の集合住宅居住者は，現状の住環境等に関してある程度満足はしているものの，今後，各人がより一層望ましいと考えている住環境等を有する地区へ転出していく可能性のあることを示している。

また，施設受入れへと意識を変化させるであろうと判断された施設は，回答割合の高いものから，①フィットネスジム，②電気供給施設，③緑地，④熱供給施設，であった。

これらより，この地区での中間処理施設のエネルギー・資源供給施設化による地域融和としては，次の方策が考えられる。

① 中間処理施設には温水プール等を持つフィットネスジムを併設するとともに，周辺の緑地化，住居エリアとのアクセスルートの緑歩道化を行う。

② 現在，公営集合住宅に限定されている熱供給を民間集合住宅および戸建て住宅にも拡大し，この供給エリアを廃棄物より再生したエネルギーで暮らしてゆけるエコ・エネルギー・エリアとして発展させる。

③ 単に燃焼時の熱を供給するシステムから，まず焼却熱利用で発電を行い，同時に発電廃熱を活用するコージェネレーションシステムへと改良して，熱・電気の両方を地区に供給する。

④ 以上の取組みによって，この地区を"環境にやさしいエネルギーを活用するまち"，"リサイクルエネルギーを積極的に導入するまち"としてアピールし，地区の評価を高めるとともに，廃棄物中間処理施設が立地することによって，このような21世紀型のまちへ発展してゆけることを広く認識してもらい，施設立地に対する不安感を払拭させていく。

4.7.2 B 地 区

この地区は中間処理施設建設に反対の意向を持つ人々が多く，かつ，ごみ処理問題や環境問題に対する関心が高く，知識もある人々も多い。また，施設の受入れに肯定的な人々は，最新技術により建設される中間処理施設の持つ機能や性能をある程度認識したうえで，受入れ意識を持つようになっていた。

また，現在の住環境に対する満足度が高く，現在の生活や環境を変えたくないと考えている人が多い。収入等に対する不満足感も少ない。

さらに，施設受入れへと意識を変化させるであろうと判断された施設は，直接的な便益をもたらすエネルギー供給施設よりも，住環境の質的向上あるいは施設立地による住環境の変化を極力抑制する公園・広場や緑地の設置であった。他地区では回答割合の低かったリサイクルセンターについても，この地区では2番目

に回答割合が高い施設となっている。

これらより，この地区での中間処理施設のエネルギー・資源供給施設化による地域融和としては，次の方策が考えられる。

① まず，施設の受入れには，施設の機能や役割，各種の性能に関する情報を地区住民全体が納得するまで公表・説明していき，併設施設も含めた施設の建設計画立案に住民を参画させていく必要がある。

② 現在の環境が変化することに対する危惧の強いことから，施設デザインや緑地の配置，周辺との連続性の確保等の面で住民参画を推し進めていくことが重要である。さらに，リサイクルセンターについては，その機能と役割，設置後の利用方法等，実際に地区住民が施設を活用していくことを重視した内容とし，一部運営を地区住民に任せるといったことまで含めて検討を行い，地区住民が自分たちで育てていく施設であるという意識が持てるようにしていくことが大切である。

③ エネルギー供給については回答割合が低かったことから，各戸への供給よりは，まずリサイクルセンター，地区センター等の公共施設や近隣商業施設等での活用を行うべきであろう。また，緑地空間を豊かにすることの一環として，温室等を設け，そこにエネルギー供給を行うことも検討すべき方策である。

④ また，他地区施設でも必要なことではあるが，施設でのごみ受入れ量やエネルギー回収量，排ガス等に関する時間的に変動する情報は，できるだけリアルタイムで地区住民に伝達することが，施設が地区に融和するために，よりいっそう重要である。そのためには，地区の様々な場所に情報端末を設置して，住民が知りたい情報を即座に提供できる状況を作ったり，Web情報として開示したりすることが必要である。このような付帯設備の整備にかかる費用を施設で得た電力の売却益で賄うことができれば，理想的である。

4.7.3 C地区

廃棄物中間処理施設建設に対する忌避意識が他地区よりは少なく，施設を受け入れやすい環境にはあるものの，現状で廃棄物中間処理施設が近隣にないこと，処理施設やごみ問題，環境問題等に関する知識を有している人の割合が他地区よ

りやや少ないことから，施設立地への賛否判断が慎重になっている．また，安易に補償としてのエネルギー等の供給を受け入れる状況にあり，その供給割合も1か月のエネルギーにかかる料金の50％以上と他地域と比較して多く望む傾向にある．

しかし，古い住宅や街並みが残っていることに表されているように，地域に対する愛着は他地区に比べて高い．これは，同様な住環境にあるA地区と異なる点である．

その一方で，幹線道路等によって古くからあった街並みが分断され，これによってコミュニティが断続的になっているといった，公的施設の整備によって自分たちの生活環境・状況が変化してしまったという意識があるのも確かである．下水処理施設が近接していることも，このような意識の形成に寄与しているものと思われる．

したがって，この地区では，中間処理施設を立地することで，これまで公的施設の整備によって被ってきた様々な影響，言い換えれば我慢を強いられてきたことを解消していくことが望ましいと考える．

これは，地区居住環境の質を全体として高め，その結果，地区の資産的価値も高めることである．そのために方策としては次のものが考えられる．

① 廃棄物中間処理施設からのエネルギー供給が可能であることを活かして，地域冷暖房システムを導入する．この際，古い街並みのエリアでは，街並みの歴史性を残しながら，システムを導入する方法を考え出さなければならない．しかし，これによって，施設の有用性を広く地区住民に認知してもらうことが期待でき，施設やごみ処理，さらには環境問題に対する関心を高めていくことも期待できる．加えて，施設の存在によって地区の"生活のしやすさ，便利さ"が向上すれば，地区の価値が高まると思われる．

② コミュニティの空間的断絶に対しての対策として，施設にコミュニティセンターを併設し，人々が集う場所を提供する．この場合，単に場所のみの提供では，人々が集いにくいため，地区内を細かく巡回するコミュニティバスを走行させて，人々が気安く集えるような仕掛けを作る．このバスは，できれば電気エネルギーにより運行できるものとして，その電気は中間処理施設から得るものとする．さらに，タウンモビリティとして，お年寄り等にむけ

た電動スクータも用意する。このような，コミュニティ形成に必要な設備，車両等の購入費用には，施設で得た電力の売却益を充当する。
③　施設内の専門技術や知識を必要としない業務については，地区の人々を雇用し，施設の管理運営を通じてコミュニティの活性化にも寄与していく。

4.8　まとめ

　廃棄物中間処理施設に対する周辺住民の意識（施設立地拒否理由，要望事項等）を把握するために，個別訪問形式のアンケート調査を行った。中間処理施設からのエネルギー供給を考えると，需要地に近接している方が良いという点から，市街地を対象地域とした。

　対象地域には，既に近隣に廃棄物中間処理施設が立地している1地区と，施設がない2地区の計3地区を選定した。施設がない地区としては，いわゆるニュータウン地区と古くから住居と商・工業地域が隣接・混合してきた地区を取り上げ，居住環境等のニーズへの影響を考察した。

　質問項目は，中間処理施設・ごみ問題に関する知識の有無，中間処理施設の建設に関わる意識，熱，電気の供給に関する意識，中間処理施設周辺に設置を希望する施設等とした。

4.8.1　中間処理施設立地の賛否

　全体として，廃棄物処理や廃棄物中間処理施設，一般的なごみ問題に関する知識の程度が中間処理施設立地の賛否に影響しており，これらのことに対して"知らない"ことの多いことに起因する不安感が，廃棄物中間処理施設立地への拒否意識を形成させていた。施設立地に対して住民合意を得るには，まず，施設や廃棄物処理の現状に関する十分な情報提供を行うとともに，稼働時の環境影響に関する情報を公開していくことが必要であろう。そのうえで，施設からのエネルギー供給によって，自己の生活が向上していくことを認知してもらい，これらによって処理施設に対する漠然とした不安を解消し，施設が存在することによって住環境上メリットが生じることを伝えていくことができれば，施設に対する忌避感は解消できると考える。

第4章　住環境とごみ処理施設建設受入れ意識の関係

　施設立地に対して拒否反応が最も著しかったのはニュータウン地区であり，住・商・工隣接混合地区では比較的施設立地を容認する割合が高かった。ニュータウン地区は全体として住環境が他の2地区よりも良好であり，京阪神地域の中でも質の高い住環境のある地区として著名であることから，それが施設立地によって損なわれることに対する危惧がこの結果として表れたと考えられる。中間処理施設立地によって，現在の住環境が大きく変化してしまうと考える場合に施設立地を嫌うこと，現在の住環境で業務地，工業地等が近接していると施設立地への抵抗感が低くなることが示された。

　ニュータウン地区では，行政情報に関心が高く，ごみ処理問題等に対する意識の高い人が施設立地に反対する傾向があり，他の2地区では逆の傾向が見られた。ニュータウン地区では，中間処理施設やごみ処理に関して理解したうえで反対の意思を持ち，他地区はこれらに対する知識が不足していることが反対の意思を持つ要因となっている。

　また，いずれの地区においても，中間処理施設立地によってエネルギー等の供給が行えることを認知している人は，施設立地に比較的賛成する傾向があった。施設立地の便益が理解されることによって，立地を容認する意識が形成される可能性がある。

　さらに，ごみ処理にかかる諸問題の解決方法として，技術的な方法によって解決することを認知している人は中間処理施設を最新のものに建て替えてもよいと考え，社会的システムの改善によってごみ処理の諸問題を解決することを認知している人は施設の建替えに否定的な考えを持つ傾向があることも明らかになった。

4.8.2　地区還元施設併設による意識の変化

　中間処理施設立地により電気あるいは熱エネルギー，公園・広場等の空間的資源の無償提供を受けることによって，施設立地に対する反対意思の過半数が解消されることが示された。提供を望むものは地区により異なり，ニュータウンにあるB地区では，対象3地区の中では経済的な不満の少ない住民が多いこともあって，公園・広場や緑地といった住環境向上のための空間資源を望み，他のA，Cの2地区では経済的な便益をもたらす熱・電気供給施設の併設を望んでいた。また，ニュータウン地区ではリサイクルセンターの併設を望んでいるが，他2地区

4.8 まとめ

ではこれに対する要望は低いものであったが，これは環境問題全般に関する意識の差が影響していることが考えられる。

エネルギーが供給される場合に望む量は，各家庭における使用量の 40 ～ 50 ％程度という回答が多く，他の廃棄物中間処理施設立地周辺地区でのエネルギー供給量もその程度が望ましいと考えていることが判明した。

望むような地区還元施設を併設することによって，施設建替えを受け入れられるようになるかどうかを質問した結果から，人々は，中間処理施設をNIMBY施設として認識し，自己の住まいの近くに施設が立地することは忌避したいが，その忌避の気持ちは何らかの代償があれば無くなる程度のものである人がかなりの割合になることが判明した。もともと施設の建替えを忌避したいと考えていた人々は，何らかの代償があってもその意識は大きくは変わらず，中間施設建替えによる環境影響を見定めたうえで判断したいと考えていた人々が，代償のあることで建替えを受け入れるようになったことが，このような結果として表れている。

やはり，対象とする中間処理施設立地においては，その及ぼす周辺地区への影響を正しく周辺住民に公開し，これを理解し，納得したうえで施設立地をすべきである。

エネルギー供給等の代償的行為を行うことで，このような本質的な視点が欠けるのであれば，短絡的に中間処理施設立地の代償としてサービスを提供していくことが適切な施策とはいえない。

第4章　住環境とごみ処理施設建設受入れ意識の関係

参考文献

1) 朴政九:韓国における指定廃棄物処理場建設に伴う住民合意の形成について，廃棄物学会第7回研究発表会講演論文集，pp.7-9, 1997.
2) 星野貴之，嶋田喜昭，舟渡悦夫:異なるごみ焼却施設周辺の住民意識に関する比較分析，環境情報科学論文集，15, pp.67-72, 2001.
3) 鍵谷司:ごみ処理におけるダイオキシンをどう発生抑制するか，月刊廃棄物，No.23, Vol.267, pp.86-89, 1997.
4) 月刊廃棄物編集:住民から見た所沢のダイオキシン問題，月刊廃棄物，Vol.23, No.273, pp.8-16, 1997.
5) 西々谷信雄:循環型社会基本法はごみを減らせるか，月刊廃棄物，No.26, Vol.304, pp.8-16, 2000.
6) M.O'Hare, B.Lawrence and S.Debra：Facility Siting and Public Opposition, Van Nostrand-Reinhold, 1983.
7) R.C.Mitchell and R.T.Carson：Property Rights, Protest, and the Siting of Hazardous Waste Facilities, American Economic Review Papers and Proceedings, Vol.76, pp.285-290, 1986.
8) H.Kunreuther and P.R.Kleindorfer：A Sealed Bid Auction Mechanism for Siting Noxious Facilities, American Economic Review Papers and Proceedings, Vol.76, pp.295-299, 1986.
9) H.Kunreuther, P.R.Kleindorfer, P.J.Kenz and R.Yaksick：A Compensation Mechanism for Siting Noxious Facilities：Theory and Experimental Design, Journal of Environmental Economics and Management, Vol.14, pp.371-383, 1987.
10) 古市徹，高橋富男:焼却施設建設地選定のための市民参加型の合意形成支援システムの構築について，第13回廃棄物学会研究発表会講演論文集，pp.78-80, 2002.
11) 柏原士郎:地域施設計画論　リッチモデルの手法と応用，鹿島出版会，pp.120-123, 1991.

回答者属性

（1） 居住年数

10年以上現在の地区に居住している住民の割合が高いのはA地区であり（70％），5年以上居住の住民を加えると全体の85％になり，他地区よりも長く現在の地区に居住している住民の多いことがわかる。

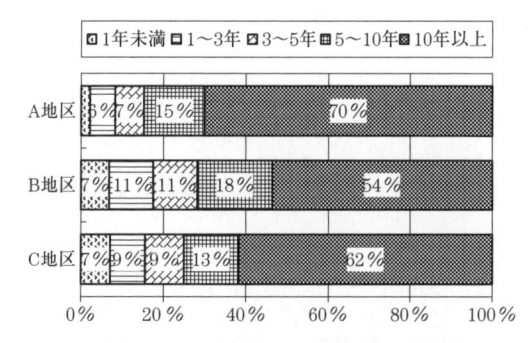

B地区，C地区も半数以上の住民は10年以上現地区に居住しているが，5年未満の住民が30％程度を占めている。

全体として3地区ともに，比較的長い期間現在の地区に居住している住民が多い傾向があり，自分の住んでいる地区に対する愛着がある程度形成されている住民であることが想像できる。

（2） 住居形態

A地区，B地区では戸建て住宅と集合住宅が半々であるが，C地区は大半が戸建て住宅である。A地区は公団の高層集合住宅棟が複数あるエリアと古くからの住宅地のあるエリアが混合している地区であり，B地区にはニュータウンで高層集合住宅エリアと戸建て住宅エリアの両方が含まれている。一方，C地区は戦前からの住宅や路地が残る歴史を感じさせる町であり，他の2地区とは雰囲気が大きく異なる。

第4章 住環境とごみ処理施設建設受入れ意識の関係

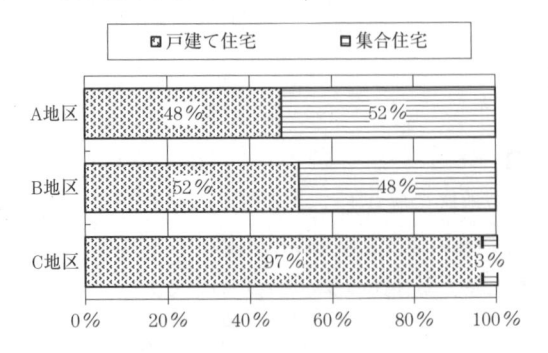

戸建て住宅／集合住宅

A地区 48% / 52%
B地区 52% / 48%
C地区 97% / 3%

（3） 年齢構成

いずれの地区でも50代以上の世代が過半数を占めており，居住年数の長い住民が多いことからも判断できるように，長い期間この地区に居住している人が多いことがわかる。

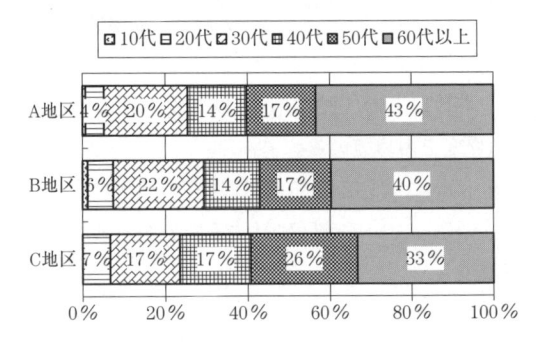

10代／20代／30代／40代／50代／60代以上

A地区 4% / 20% / 14% / 17% / 43%
B地区 5% / 22% / 14% / 17% / 40%
C地区 7% / 17% / 17% / 26% / 33%

A地区とB地区では60代以上が40％以上となっているが，C地区では33％と少なく，反対にこの地区では他地区よりも50代の占める割合が1.5倍程度大きい。

A，B地区ではC地区よりも20代が多く，若干30代が少ないことから，A，B地区では戸建て住宅には50～60代の世代が，集合住宅には20代の若い世代が居住している状況が予測できる。

このため，A，B地区について，居住形態と回答者の年代の関係を図化した。戸建て住宅居住者の年齢層が高く，反対に集合住宅居住者の年齢層が低い傾向が見られる。ただし，A地区の集合住宅には年齢層の高い居住者も相当数いる。

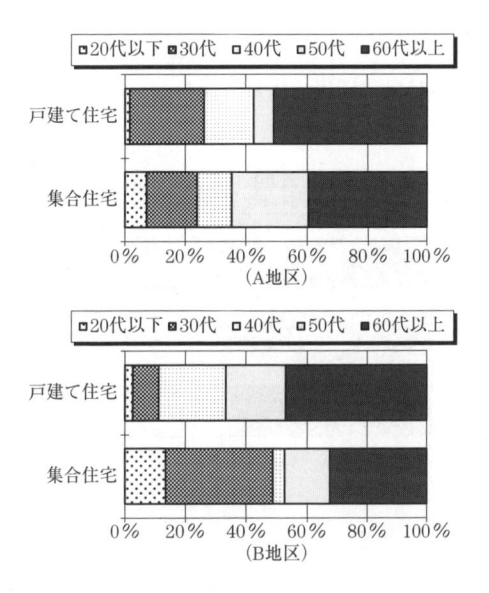

（4）性　別

回答者は 60 ～ 70 ％が女性である。これは調査を昼間に実施しているため，依頼したのが在宅の女性であることが多かったためである。

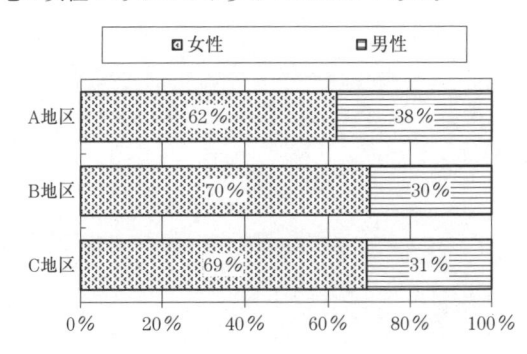

（5）家族構成

家族構成は人数ではなく，扶養する子供の有無について質問した。

各地区ともに半数前後は大人のみの家族であり，子供の居る家族では幼稚園児の居る家族と高校生以上の子供の居る家族が多い傾向が見られる。

第4章　住環境とごみ処理施設建設受入れ意識の関係

　地区による違いはあまり見られないが，A地区では大人だけの家族が他地区よりもやや多く，B地区は幼稚園児の居る家族の割合が他地区よりも多い傾向がある。

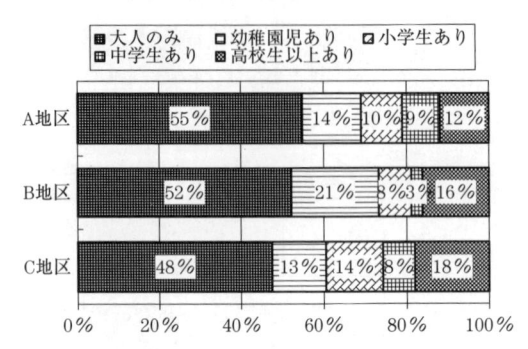

第5章 環境への意識とNIMBY意識の関係

5.1 はじめに

　前章では，廃棄物中間処理施設の建設においては，地域が被るリスクを考慮して，住民は何らかの地域還元があれば施設を受け入れていく意識のあることが明らかになった。

　確かに，地域還元は，以前よりこのような迷惑施設建設において行われてきたものである。しかし，このような地域融和策を継続する限り，廃棄物中間処理施設は永遠に迷惑施設であることから脱却できない。地域還元を行うことが，廃棄物中間処理施設をNIMBY施設から，地域に歓迎される施設とすることにおいてどのような意味合いを持つのかを明らかにすることも必要である。

　そこで，本章では，廃棄物中間処理施設の建設と住民合意形成を円滑に進めるために，中間処理施設で生じるエネルギー等により周辺地域に対するサービス提供を行うこと，すなわち地域還元事業を行うことにより周辺住民の施設に対する意識がどのように変化していくのか，その変化の要因は何であるのかを検討する。

5.2　廃棄物処理施設近隣住宅へのエネルギー供給の意義

　これまでの廃棄物中間処理施設の住民合意形成に関する研究および事例では，施設周辺住民に代価物・補償物を与えることはあまり良い合意形成手法ではないとされていたが，近年，廃棄物中間処理施設は，廃棄物処理のための施設という意義に加えて，廃棄物から有用資源を取り出し，利用しやすい形態に変化させる

施設という意義も持つようになってきている。このような新しい機能を考慮すると，中間処理施設から地域へのエネルギーや資源等の提供は，補償的意味だけでなく，これまで利用されてこなかった都市に存在する資源の有効活用という意味を持つようになってきている。

海外においてはCVM等を用いた補償原理による嫌悪施設の立地問題解決に関する研究が蓄積されており，O'Haraらは廃棄物処理施設の設置過程における問題を整理したうえで，処理施設に関するNIMBY問題を解決するための補償制度の必要性を指摘している[1]。また，処理業者と地方政府の役割分担を明確にしたうえで施設設置に関する住民投票の実施を提案し，その中で施設設置のためのオークションモデル等の補償制度の有効性を示している事例がある[2~4]。わが国でも以前から処理施設建設に関する方法論や住民参加の必要性が説かれており，焼却施設建設地選定のための市民参加型合意形成についての研究[5]では，「ごみ焼却施設の整備を進めるにあたり，何を重点的に考えていけばよいか」という住民アンケートの問いに対して「地元住民にとってメリットのある施設とすること」とした人が70％いることから，補償制度に関する検討の必要性が示されている。

本章で取り扱う廃棄物中間処理施設立地に伴う「補償」の位置付けは，「迷惑施設の建設合意を引き出すための手段」というだけではなく，「施設周辺住民へのリスク補償」という意味も有している。周辺住民は，施設の存在によって廃棄物収集車による騒音や大気汚染といった直接的な被害だけでなく，施設からダイオキシンが排出しているのではないかといった精神的不安というリスクも背負っているが，これらのリスクは処理施設が近くに立地しているために起こる問題であり，その施設から発生しているリスクの起源は周辺住民自身のみではなく，その施設にごみを搬入している処理対象地域全体の人々である。しかし，これらリスクを分散させることはダイオキシン発生の問題や，処理の効率化という点から限界があることから，「リスクを補う」という意味で補償の正当性を念頭においている。

さらに廃棄物中間処理施設からのエネルギー供給は，未利用エネルギーの有効活用という点のみにとどまらず，地域で発生するエネルギー資源を地域に還元するという循環型社会システムの概念に基づいている。また，さらに，地域住民の視点からは「エネルギー供給施設」としての廃棄物処理施設の位置付けがなされることで，処理施設を迷惑施設ではなく親和施設として受け入れられるようになる

ことをも期待している。

5.3 環境や廃棄物中間処理施設等に対する意識の実情

5.3.1 環境や生活に関する意識

地球環境と自己との関わりおよび現在の自己の生活に関しての質問をした。その結果を「はい」と答えた人の割合が多い順に地区別で整理して図-5.1 に示す。以

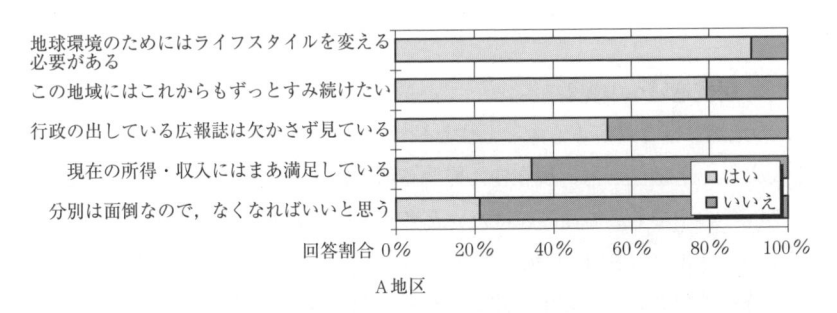

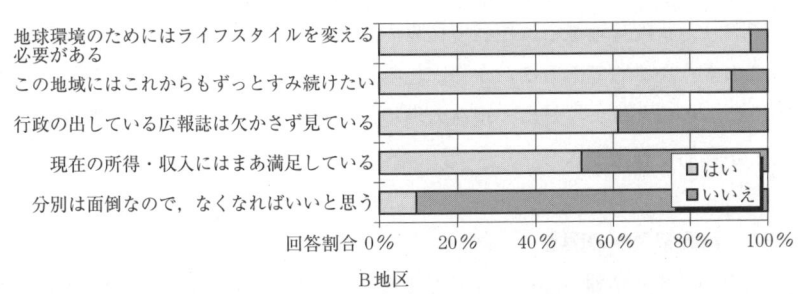

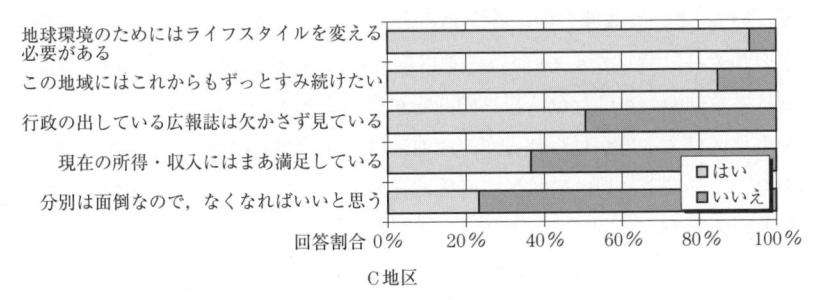

図-5.1 環境・生活に対する意識

下，この多い順に各地区の住民の環境と生活に対する意識を考察してみる。

（1） 環境とライフスタイルの関わり

およそ90％以上の人々は「地球環境のためにはライフスタイルを変える必要がある」と考えており，環境のことを考えると，自分たちがとっているライフスタイルを変更しなければならないことの認識は浸透しているといえる。地区別ではニュータウンのB地区でそのように考えている人の割合が最も多く，A地区が最も少なかったが，その差はほとんどない。

（2） 居住地域への愛着

「この地域にはこれからもずっと住み続けたい」と考えている人は80〜90％に達しており，各地区とも，現在住んでいる所に満足し，愛着を持っていることがわかる。その中でも最も住み続けたいと考えている人の割合が多かったのがB地区である。B地区は約40年前に開発されたニュータウンで，まち開き当初は人工的に作られたといった印象が強かったが，今では緑豊かな落ちついた街へと成長しており，京阪神地域では便利で住みやすいニュータウンの代表といわれている。このようなまちであることから，住み続けたいと考えている人々が多いのであろう。このことは，反対に，現在の環境が悪化することに対しては抵抗感が強いことが容易に想像できる。

（3） 行政情報への関心

行政の提供する情報への関心度を推し量る「行政の出している広報誌は欠かさず見ている」という設問への回答を見ると，欠かさず見ていると答えた人の割合は，それぞれB地区が約60％，A地区約55％，C地区約50％であり，各地区ともに半数強の人々は行政情報への関心が高いことがわかる。

やや地区による差が見られるが，B地区は居住地域への愛着が他地区よりもやや高く，これにより地区の状況に直接関連してくる行政の情報にも関心を持っているといえる。

5.3 環境や廃棄物中間処理施設等に対する意識の実情

(4) 所得・収入の満足度

現在の所得・収入の満足度は，B 地区で約半数の人々が「まあ満足している」と回答しているのに対して，A 地区，C 地区はそのように回答した人々の割合は 30％程度であった。

相対的に B 地区は他地区よりも高収入の人が住まう地区として知られており，特に戸建て住戸に住む人にその傾向が顕著である。A 地区の集合住宅は公団の賃貸住戸であり，戸建て住戸も庭等のほとんど無い密集市街地に典型的に見られる住戸形態である。また，C 地区は戦後すぐに作られたような古い住宅が多く，小さな路地が残っているような地区である。

このような住環境にあること，また，A 地区，C 地区は B 地区のような緑豊かで閑静な住宅地にはなっていないことが，このような所得・収入に対する満足度の差をもたらしたと考えられる。

(5) ごみの分別

ごみの分別は面倒なのでなくなればいいと思っている人は少なく，その割合は 10～20％程度であった。これは「地球環境のためにはライフスタイルを変える必要がある」と考えている人が大部分であったことと呼応しており，"環境問題は他人事ではなく自らが取り組んでいかなければ解決していかないものである"ことを，人々は十分に認識していることがわかる。

地区別に見ると，B 地区が最も「分別は面倒なのでなくなればいい」と思っている人は少なく，その割合は A 地区，C 地区の半分程度である。「地球環境のためにはライフスタイルを変える必要がある」と思っている人の割合が B 地区で最も多かったことも含めて考えると，今回対象とした 3 地区の中では，B 地区の住民が最も環境に対する意識が高いといえる。

以上の各地区住民の環境・生活に対する意識を整理すると**表-5.1**のようになる。

表-5.1 環境・生活に対する意識

	A地区	B地区	C地区
環境意識	○	◎	○
行政への関心	△	○	△
居住地区への愛着	○	◎	○
所得に対する満足度	×	△	×

◎：意識・関心がかなり高い。
○：意識・関心が高い。
△：意識・関心はあまりない。
×：意識・関心がほとんどないか，全くない。

5.3.2 廃棄物中間処理施設および環境に関する知識の獲得状況

（1） ごみ処理問題に関する知識

自らが居住している地域のごみ処理に関する基本的な知識の獲得状況を地区別に図-5.2に示す。

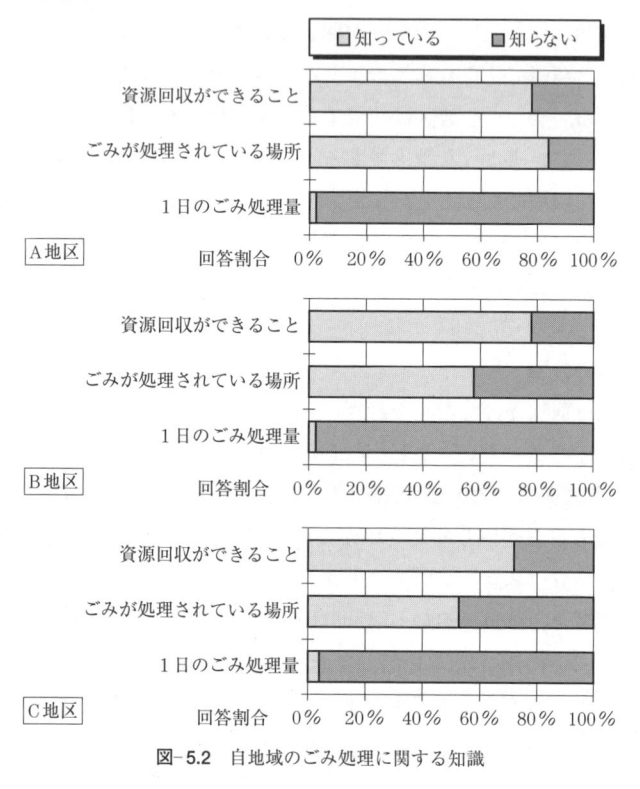

図-5.2 自地域のごみ処理に関する知識

知識獲得状況に地区による差違はあまり見られないが，現在，近隣に中間処理施設が立地しているA地区において他2地区よりも各項目に関する知識を持っている人が多い。ごみ処理施設の立地場所を認知している人の割合が他地区よりも20ポイント以上高いのもこのためである。また，他2地区ではB地区の方がC地区よりも知識のある人の割合がやや多い傾向が見られ，C地区は他2地区よりもごみ処理に関する関心が相対的に低く，ごみ処理に関連する危機感も余り高く

5.3 環境や廃棄物中間処理施設等に対する意識の実情

ないことが伺える。

個々の項目を見ると，自治区のごみ処理に関する知識では，資源回収ができることは資源ごみを分別回収していることによって理解されているが，ごみが処理されている場所は半数程度の人しか知っておらず，1日のごみ処理量をわかっている人はほとんどいない。

次に，一般的なごみ処理問題に関する知識の獲得状況を図-5.3に示す。ごみ処理問題に関する知識は，最新式設備への更新必要性以外の項目はほぼ70％以

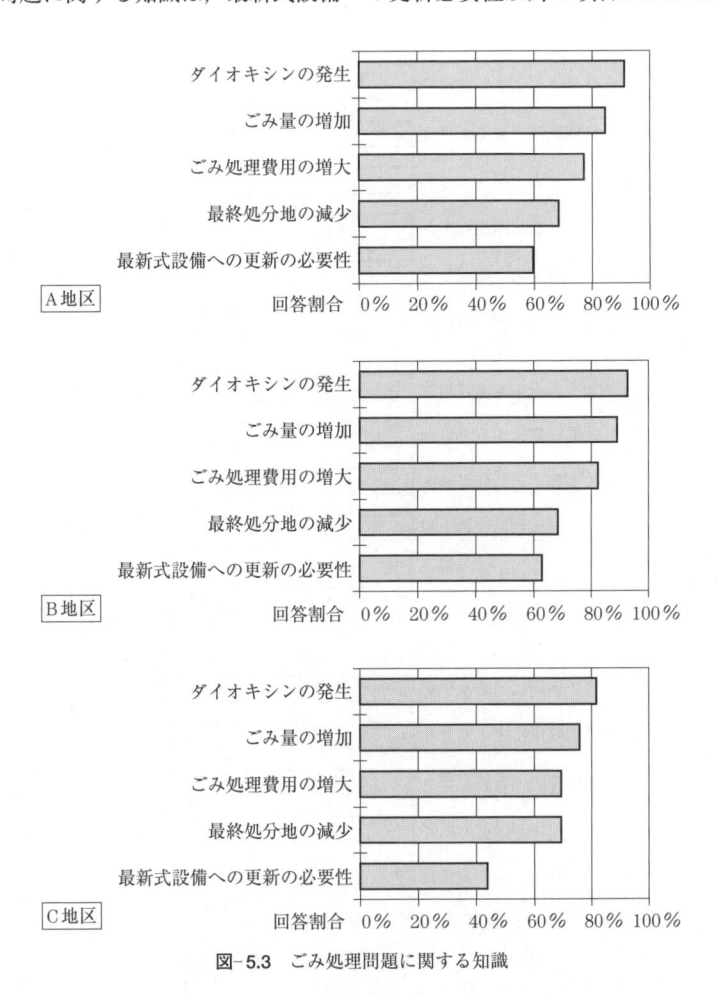

図-5.3 ごみ処理問題に関する知識

上の人が持っており，ごみ処理問題全般に対する関心の高いことがわかる。

（2） ごみ処理問題対策に関する知識

ごみ処理問題対策として，①リサイクルによる減量化，②分別収集による減量化，③施設の建替え・新装置導入(による環境問題解決)，④焼却温度の上昇(によるダイオキシン発生防止)，⑤有料化による減量化，の5つを取り上げ，これらに対する各地区住民の認知状況を調査した。その結果を図-5.4に示す。

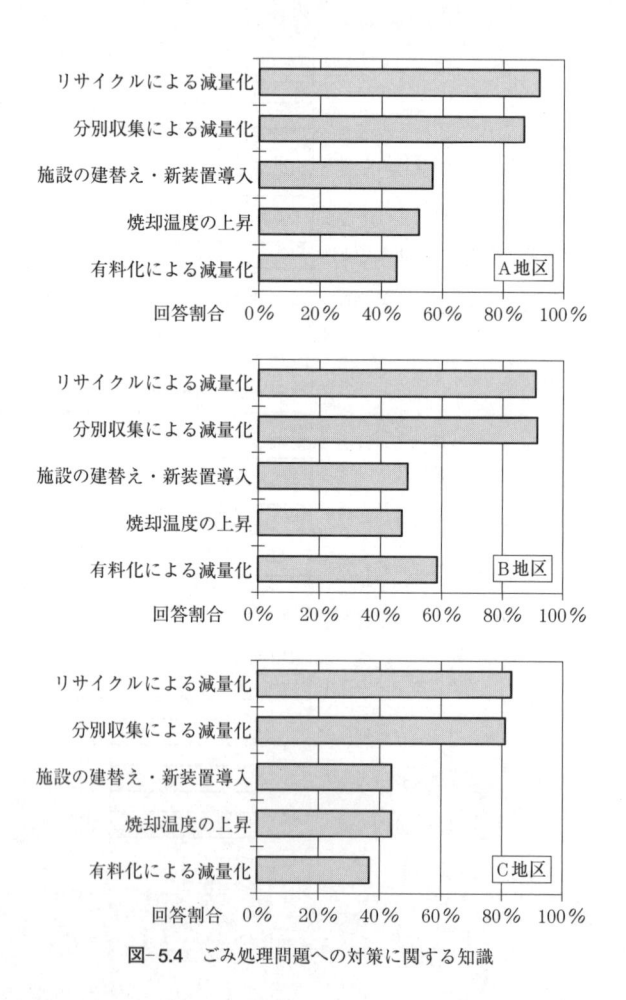

図-5.4 ごみ処理問題への対策に関する知識

各地区ともに，リサイクルによる減量化と分別収集による減量化は大半の人が認知しているが，施設の建て替え・新装置導入，焼却温度の上昇，有料化による減量化については半数程度の人々しか認知していない。その中で，現在，中間処理施設の立地しているA地区では，施設の建替え・新装置導入によって中間処理に伴う環境問題を解決していくことを認知している人が他地区よりも多くなっており，施設が立地していることで，ごみ処理問題対策への関心が他地区よりも高いことが伺える。また，B地区では有料化による減量化対策を認知している人の割合が60％近くあり，分別収集による減量化の認知も他地区よりも高いことから，この地区の人々は他地区よりも社会システム的な対策に対する認知がやや高いといえる。

（3） 廃棄物中間処理施設から公開される情報への関心

廃棄物中間処理施設に関する情報公開で関心の有無を尋ねた結果を図-5.5，5.6に示す。公開する情報には，中間処理施設に関するもの（ごみ処理量，ごみ焼却方法・処理方法，回収資源の種類・量）とごみ収集車に関するもの（稼動時間，経路・台数，臭い・排ガス，騒音）を提示した。

情報公開への関心には地区による顕著な差は見られず，"関心がある"と回答した人の割合は，①ごみ焼却方法・処理方法，②ごみ処理量，③回収資源の種類・量，の順に多く，①と②は80％以上の人が，③でも70〜80％の人が関心を持っている。収集時間帯のみ影響を被るごみ収集車よりも，恒常的に影響を及ぼす可能性のある廃棄物中間処理施設に関する情報への関心が高い。

これは，「とくに関心のある情報を3つあげるとするとどれか」を尋ねた結果である図-5.6においてより一層明瞭である。

すなわち，廃棄物中間処理施設に関する情報を選択した人の割合はほぼ過半数を超えており，「ごみ焼却方法・処理方法」ではいずれの地区でも70％の選択割合である。

ごみ収集車に関しては，収集車が収集作業を行うことにより生じる臭気の問題，走行に伴う排ガスに対して関心が持たれている。

自分たちの健康に直接的に関与してくることが予想される事柄に対しての情報公開を望んでいることがわかる。

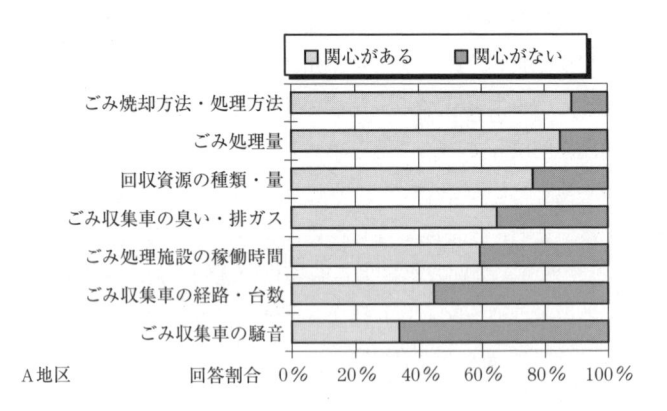

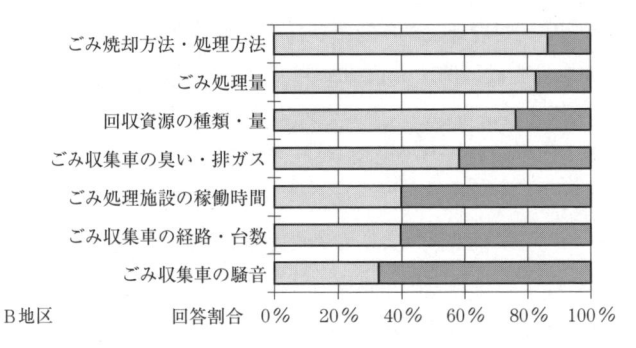

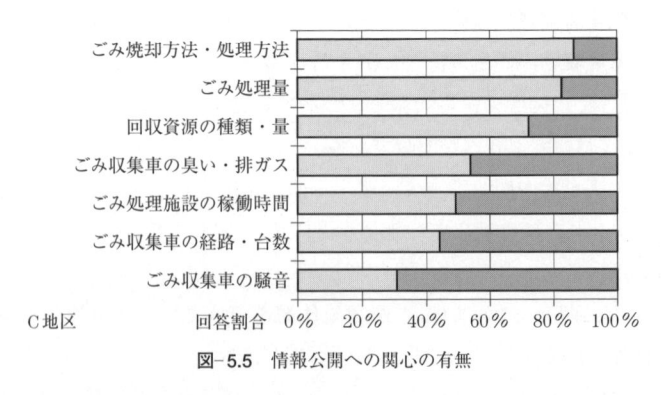

第 5 章　環境への意識と NIMBY 意識の関係

□関心がある　■関心がない

A 地区
- ごみ焼却方法・処理方法
- ごみ処理量
- 回収資源の種類・量
- ごみ収集車の臭い・排ガス
- ごみ処理施設の稼働時間
- ごみ収集車の経路・台数
- ごみ収集車の騒音

回答割合　0%　20%　40%　60%　80%　100%

B 地区
- ごみ焼却方法・処理方法
- ごみ処理量
- 回収資源の種類・量
- ごみ収集車の臭い・排ガス
- ごみ処理施設の稼働時間
- ごみ収集車の経路・台数
- ごみ収集車の騒音

回答割合　0%　20%　40%　60%　80%　100%

C 地区
- ごみ焼却方法・処理方法
- ごみ処理量
- 回収資源の種類・量
- ごみ収集車の臭い・排ガス
- ごみ処理施設の稼働時間
- ごみ収集車の経路・台数
- ごみ収集車の騒音

回答割合　0%　20%　40%　60%　80%　100%

図-5.5　情報公開への関心の有無

5.3 環境や廃棄物中間処理施設等に対する意識の実情

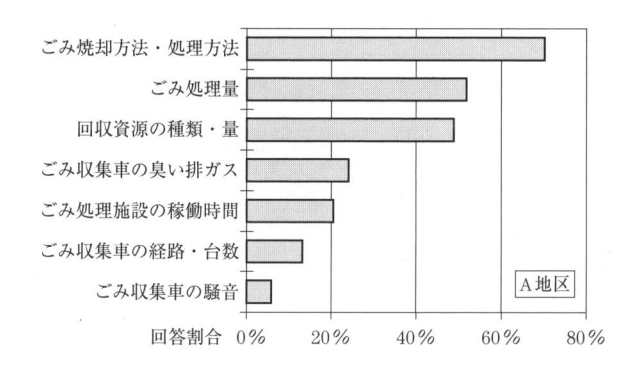

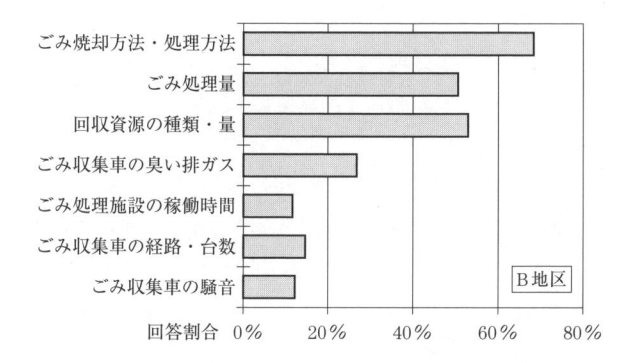

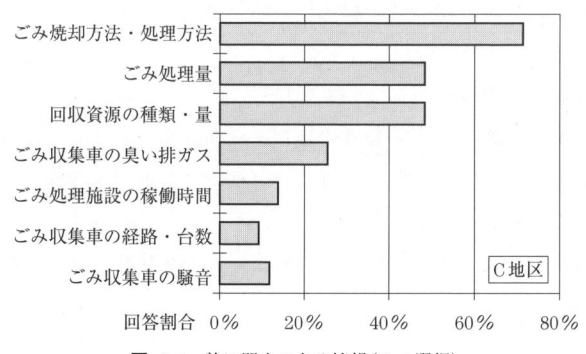

図-5.6 特に関心のある情報（3つ選択）

5.4 廃棄物中間処理施設立地に対する意識の形成要因解析

これまで示してきた各地区住民の意識等に関する解析の結果から，廃棄物中間処理施設立地に対する（賛否）意識がどのような考えやバックボーンによって形成されているのかを解析してみる。ここでは，廃棄物中間処理施設立地に対する各地区住民の意識と他の設問への回答とのクロス集計を行い，関連性が見られたものを対象に，施設立地に対する意識の形成要因を考察することにした。

5.4.1 ごみ問題に関する知識と施設立地への意識の関連

自分の排出しているごみが処理されている中間処理施設の立地場所の認知および資源回収が可能であることの認知と，廃棄物中間処理施設の建替えについての意識の関係を図-5.7 に示す。

施設について「なるべく建設してほしくない」，「建設してほしくない」と考えている人の割合を見ると，A 地区では，処理施設立地場所の認知と資源回収可能の認知による差はほとんど見られなかったが，B，C 地区ではこれらを認知していない人の方が施設に対して"否定的意識"を持つ傾向にある。

A 地区でも「どのような影響があるか知りたい」という"慎重的意識"を持っている人を加えると，これらについて認知していない人の方がそのような意識を持っている人の割合が多くなる。

施設の立地場所や資源回収について認知している人々は，そうでない人々よりもごみ処理に関する関心が高いと考えられ，ごみ処理の不可欠性と中間処理の有効性，ごみ問題に対しての危機感を持っていることから，処理施設に対して否定的な意識とはならないのであろう。

また，ごみ処理に関する知識の少ない人は，賛否を判断するのに躊躇している様子が伺える。

5.4 廃棄物中間処理施設立地に対する意識の形成要因解析

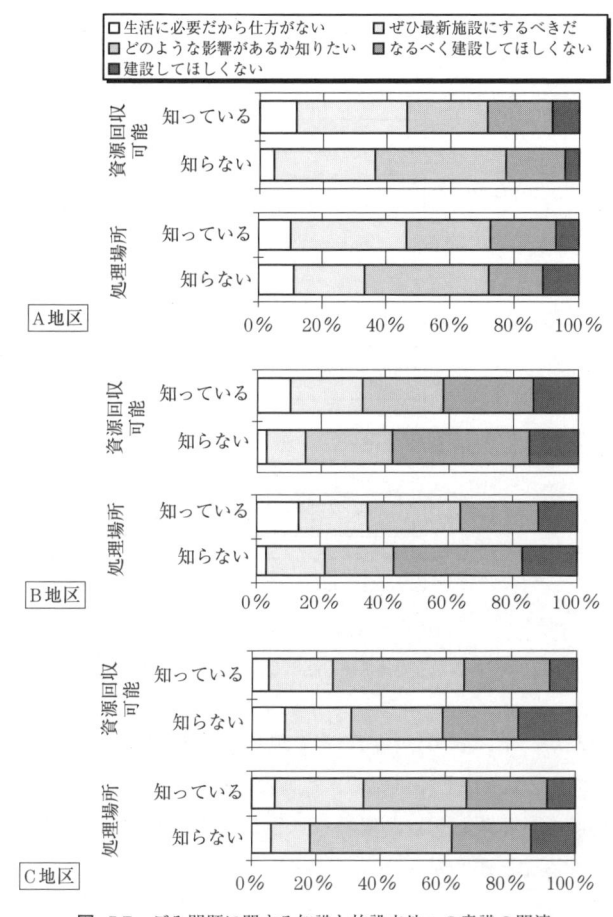

図−5.7 ごみ問題に関する知識と施設立地への意識の関連

5.4.2 中間処理施設からのエネルギー供給の認知と施設立地への意識の関連

廃棄物中間処理施設から熱供給が可能であることへの認知と，廃棄物中間処理施設の建替えについての意識の関係を図−5.8 に示す。

熱供給できることを知っている人の方が施設立地に対して"肯定的意識"を持っており，これは地区による差違もほとんど無い。

第5章 環境への意識とNIMBY意識の関係

凡例：
- □ 生活に必要だから仕方がない
- □ ぜひ最新施設にするべきだ
- □ どのような影響があるか知りたい
- □ なるべく建設してほしくない
- ■ 建設してほしくない

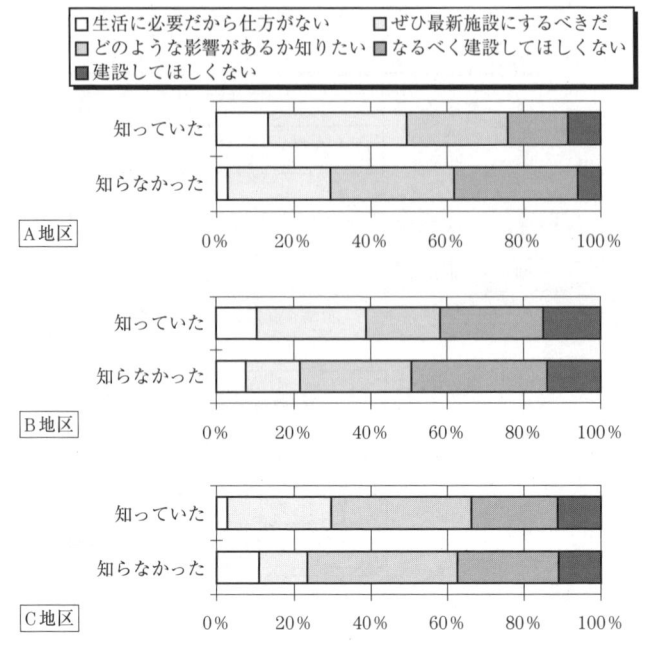

A地区：知っていた／知らなかった

B地区：知っていた／知らなかった

C地区：知っていた／知らなかった

図-5.8 施設からの熱供給の認知と施設立地への意識の関連

中間処理施設が，単に収集されたごみを焼却処理する施設ではなく，そのプロセスでエネルギーを取り出して供給できる施設であることを認識することで，人々の中間処理施設を見る眼（意識）が変わり，その結果，立地に対して肯定的な意識を持つようになることがわかる。

5.4.3 ごみ分別への意識と施設立地への意識の関連

人々のごみ処理への関わりとしてのごみ分別への意識と，廃棄物中間処理施設の建替えについての意識の関係を図-5.9に示す。なお，B地区は「分別は面倒なのでなくなればいいと思う」と回答している人が10％以下と少ないのでA，C地区についてのみ示す。

ごみ問題への直接的な取組みである「ごみの分別」について，「なくなればよい」と考えている人の方が，施設立地について"否定的意識"を持ちやすいことがわかる。その一方で，ごみの分別はなくすべきでないと考えている人はそう考えてい

5.4 廃棄物中間処理施設立地に対する意識の形成要因解析

凡例:
- □ 生活に必要だから仕方がない
- □ ぜひ最新施設にするべきだ
- □ どのような影響があるか知りたい
- ▨ なるべく建設してほしくない
- ■ 建設してほしくない

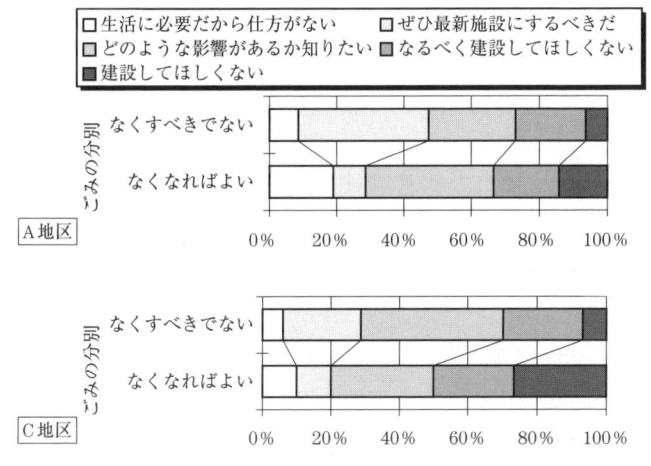

A地区 ごみの分別
- なくすべきでない
- なくなればよい

C地区 ごみの分別
- なくすべきでない
- なくなればよい

図-5.9 ごみ分別への意識と施設立地への意識の関連

ない人に比べて，「ぜひ最新施設にするべきだ」と考える人の割合が多い．また，分別を「なくなればよい」と考えている人では，施設を「生活に必要だから仕方がない」と思っている人が多い．このような回答傾向は，次のような理由によると考える．

- ごみ処理に関わる問題は決して行政や事業者だけが取り組まねばならないことではなく，住民自らも積極的に関わりを持っていかねばならない．このことを認識している人々は，中間処理施設立地に対して頭から否定的になるのではなく，その内容を把握したうえで，できるだけ良いもの（最新施設）へしていくべきであると考えている．
- 反対に，このようなごみ問題と自らの関わり方に消極的な人々は，施設立地の内容をしっかり把握せずに否定的に捉えている．とにかく環境問題や廃棄物の問題が身近な問題となることを嫌悪している．自らが環境に配慮した行動をとらないことが環境問題を引き起こしていることに気づいておらず，自らの欲望・欲求が満足することを重視している．
- ごみ問題との関わり方に消極的な人の中には，廃棄物中間処理施設を「生活に必要だから仕方ない」と回答しているが，これは施設を設置する意義を十分に理解して受け入れたのではなく，自分たちの思いを行政側は考慮してくれないものであると思いこみ，やや盲目的に施設を受け入れていると想像で

きる。

後者のような人々に対して，ごみ処理や中間処理施設について，正しい理解を促していけば，施設立地に対する意識が変わると考えられる。

5.5 便益の提供による意識の変化の要因解析

廃棄物中間処理施設を立地する際に，熱供給等のエネルギーあるいは緑地等の空間を地区に還元すること，すなわち何らかの便益の提供を行った場合に，施設立地に対する(賛否)意識が変化した人，あるいは変化しなかった人がいた。このような個々人の判断の違いがどう形成されたのかを，種々の関連設問への回答と，意識変化状況のクロス集計を行って明らかにすることを試みた。

5.5.1 提供する便益内容との関連

(1) 望む便益とこれによる意識変化

中間処理施設立地に伴って周辺地区に提供するサービスとして望むものと，施設立地に対する意識の関連を解析した。各地区で「施設があれば受け入れるに変化」すると回答した人の割合が多い順に並べた。これを図-5.10 に示す。

施設建替え時に併設してほしい便益提供施設を尋ねた結果(図-5.11)と比較すると，併設を希望する便益提供施設の順と，「施設があれば受け入れるに変化」すると回答した人の割合が多い順が異なっている。建替え時に併設を望む便益提供施設は多い順から，①電気供給施設，②熱供給施設，③緑地，④フィットネスジム，⑤公園・広場，であり，駐車場を望む意見は最も少なかった。

一方，「施設があれば受け入れるに変化」すると回答した人の割合が多いものは表-5.2 に示す便益提供施設であった。

表-5.2 中間処理施設受入れ側に変化する便益提供施設

順位	A地区	B地区	C地区
①	フィットネスジム	公園・広場	駐車場
②	電気供給施設	リサイクルセンター	フィットネスジム
③	緑地	緑地	熱供給施設
④	熱供給施設	フィットネスジム	電気供給施設
⑤	公園・広場	駐車場	公園・広場

5.5 便益の提供による意識の変化の要因解析

■施設があれば受け入れるに変化
□施設がなくても受け入れられる
■受け入れられない

[A地区のグラフ]
- フィットネスジム: 23 / 7 / 6
- 電気供給施設: 50 / 21 / 13
- 緑地: 35 / 11 / 13
- 熱供給施設: 41 / 20 / 11
- 公園・広場: 22 / 10 / 7
- カルチャーセンター: 5 / 1 / 3
- リサイクルセンター: 15 / 13 / 6
- 電気充電スタンド: 7 / 10
- 駐車場: 2 / 2 / 3

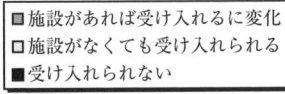

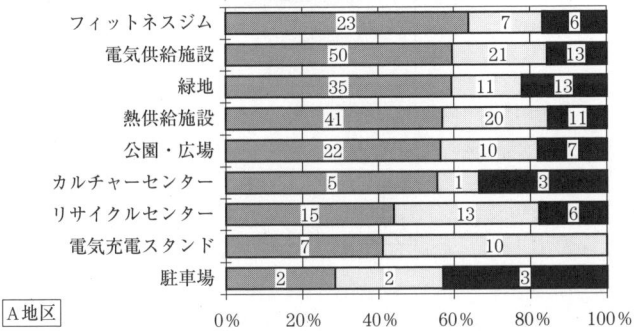

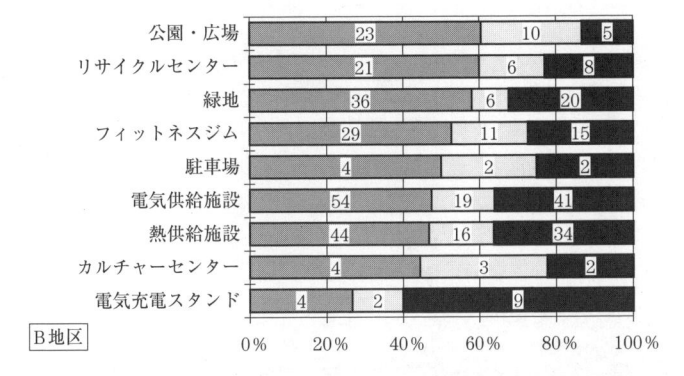

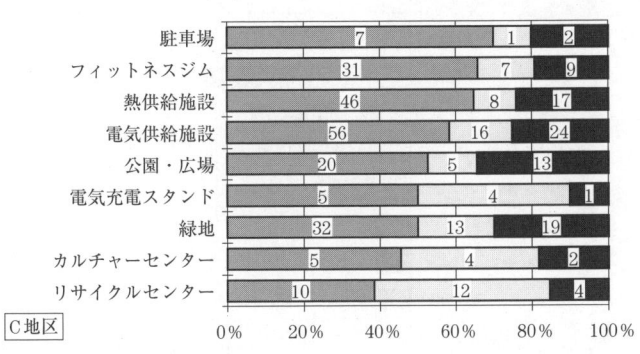

[B地区のグラフ]
- 公園・広場: 23 / 10 / 5
- リサイクルセンター: 21 / 6 / 8
- 緑地: 36 / 6 / 20
- フィットネスジム: 29 / 11 / 15
- 駐車場: 4 / 2 / 2
- 電気供給施設: 54 / 19 / 41
- 熱供給施設: 44 / 16 / 34
- カルチャーセンター: 4 / 3 / 2
- 電気充電スタンド: 4 / 2 / 9

[C地区のグラフ]
- 駐車場: 7 / 1 / 2
- フィットネスジム: 31 / 7 / 9
- 熱供給施設: 46 / 8 / 17
- 電気供給施設: 56 / 16 / 24
- 公園・広場: 20 / 5 / 13
- 電気充電スタンド: 5 / 4 / 1
- 緑地: 32 / 13 / 19
- カルチャーセンター: 5 / 4 / 2
- リサイクルセンター: 10 / 12 / 4

図-5.10 併設を望む便益提供施設と廃棄物中間処理施設立地に対する意識の便益提供による変化の関連

第 5 章　環境への意識と NIMBY 意識の関係

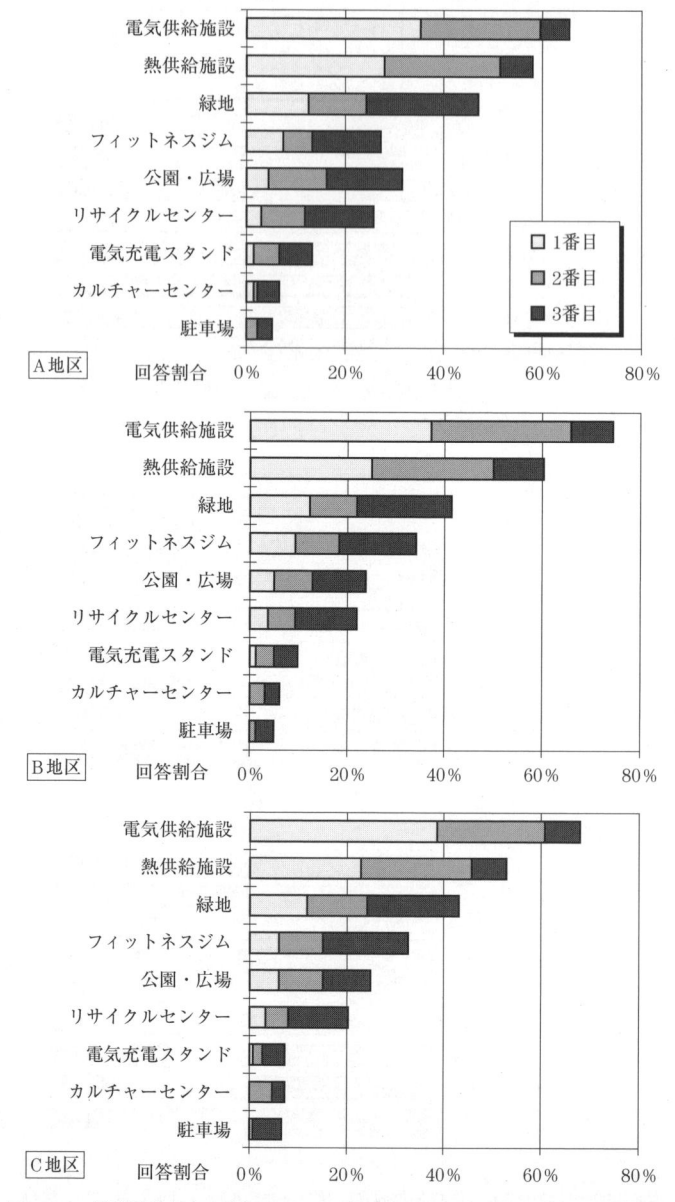

図-5.11　施設建替え時に併設してほしい便益施設（1～3 番目に望む施設を選択）

（2） 地区の置かれている状況による相違

　中間処理施設建替え時に併設を望む便益提供施設と，施設受入れ側へと意思が変化すると予想された便益提供施設が異なるのは，次のような判断が働いたものと考える。前者は中間処理施設立地において併設すべき便益提供施設としてあげたもので，一般的な意識や地区全体の状況を考慮してからの判断が強く反映されている。反対に，後者は，施設立地の"見返り施設"として実際に自分が得る便益を考えた時に併設すべきと判断したものであると考えられる。すなわち，表-5.2に示された施設は，現状では施設立地に対して"肯定的意識"は持っていない人々が，その地区にあればよいと望んでいる施設であると考えられる。

　これは，単に併設すべき便益提供施設を尋ねた際には，希望する順位に地区による差がほとんど無かったのに対して，施設受入れに対する意思の変化があると予想される便益提供施設が地区により大きく異なっていることからも判断できる。

　A地区は大阪の都心部に近いものの近傍に緑地があり，また，集合住宅では駐車場も確保されている。このため，公園等よりも，現存していない「フィットネスジム」が併設されることを望む回答が多く，次いで，日常生活を経済的側面で直接的に助けることになる電気・熱供給施設併設を望む回答が多くなったと考えられる。これは，現在の所得・収入に満足していない人が多かったことと関連している。

　次に，B地区では他地区よりも現在の収入に対して満足している人の割合が多いことがあって，日常生活に直接関係してくる電気・熱供給施設を望む回答は少なく，それよりも現在の住環境をさらに向上させるであろう「公園・広場」，「緑地」を望む回答が多い。これは，B地区では施設立地に対して"否定的意識"を持っている人々が多く，かつ，環境意識や現在の居住地区への愛着が他地区よりも高いことから，"もし施設が立地するならば，周辺地区への影響を緩和し，地区と融和するような公園や広場，緑地を施設周辺に設けてほしい"と考えたものと思われる。

　また，B地区は他地区よりも環境意識が高いことが調査より明らかになっており，このことが併設すべき便益提供施設としてリサイクルセンターを望む回答者の割合が多かったことと関連しているものと考えられる。

　C地区は古い町並みが残っている地区であり，比較的狭小な道に沿って家屋が

密集している場所が見受けられる。このことから,「駐車場」が充足しているとはいえないことが容易に想像でき,このため,現在不足気味の「駐車場」を中間処理施設が併設してくれるのであれば,施設立地を容認しようとする意識が生じたものと考えられる。次いで,「フィットネスジム」が併設されれば施設立地に対する意識が変化すると考えた人が多かったが,これも,この地区に現存していない施設であり,公的な施設への併設であれば,民間の同様な施設よりも低廉な料金で利用できるという考えを持ち,否定的意識から肯定的意識に変化すると予想したものと想像できる。

さらに,A地区同様に現在の所得・収入に満足していない人の割合が多かったことから,直接,日常生活を経済的側面で助けていくと考えられる電気・熱供給施設の併設があるならば,施設立地を容認するように変化すると予想した人が多くなっている。

(3) 便益提供施設の併設がもたらすもの

このように,その地区の人々が持っている地区や日常生活の満足できていない部分を補うものとなる便益提供施設を併設すると,中間処理施設立地に対する意識が否定的なものから肯定的あるいは容認的なものへと変化していく傾向にあることがわかる。

しかし,このような便益提供施設の併設は,決して中間処理施設がNIMBY施設であるという人々の意識を根本的に変えていくものではなく,かえってこのような便益提供施設を併設することが,よりいっそう中間処理施設がNIMBY施設であることを際だたせ,人々の"廃棄物中間処理施設 ⇒ 迷惑施設 ⇒ 立地してほしくない施設 ⇒ 立地するのなら何か地区へ便益を還元せよ"という認識をより強くさせてしまうものであると考える。

確かに,中間処理施設は電気・熱を地区に供給し,空間的にも緑地等を提供するが,これらサービスが"地区に迷惑をかけているのでその見返りとして"提供されるのではなく,"中間処理施設はこのようなサービスを提供できるポテンシャルを持っており,これを活用することで自分たちの地区を環境側面でより良いものへレベルアップでき,これがひいては都市を環境に配慮したものへと変えていくことができる"というポジティブなものになっていくことが必要であろう。

5.5.2 ごみ処理に関する知識との関連

廃棄物中間処理施設で資源回収が可能であることと，処理施設の立地場所を認知している人々と，認知していない人々とでは，施設立地に伴う地区への便益提供施設設置により施設受入れ意識の変化がどう異なるのかを分析した。ここでは便益として，人々の希望が最も多かった電気供給設備の設置を取り上げ，これの提供を希望した人々について，図-5.12 にごみ処理に関する知識の認識と施設立

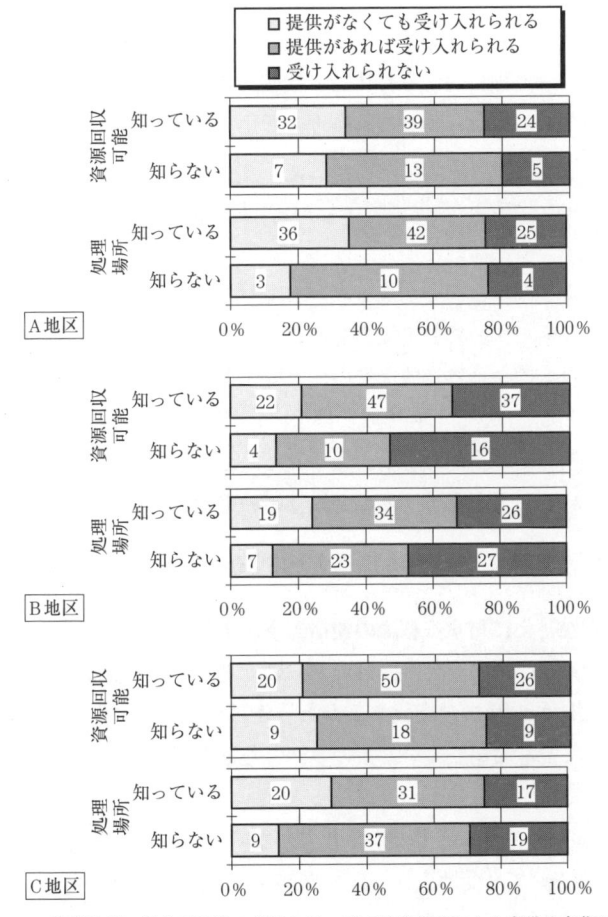

図-5.12 処理施設に関する認識の有無とサービス施設併設による意識の変化の関連

地に対する意識の関係を図化した。

　資源回収が可能であることの認知により，サービス提供による意識の変化状況に大きな差は見られず，B 地区で資源回収を知らない人の方がサービスの提供があっても中間処理施設の立地を「受け入れられない」とする人が多い程度である。

　一方，廃棄物中間処理施設の立地場所を認知している人々と，認知していない人々では，前者の方が，何らかの便益提供がなくても施設立地を受け入れるという人が多い傾向が見られる。

　施設における資源回収と施設立地場所とでは，資源回収は一般的知識として知っている人がいる一方で，立地場所は認知している人が少ない。立地場所の認知はその地区のごみ処理に関する具体的・地域的な知識であることから，施設立地場所を認知している人は，よりごみ処理に関する関心が高い人と判断できる。

　そして，

・関心の高い人々の方が「提供がなくても受け入れられる」とする意見が多いこと，
・環境問題等に関する関心が最も高い B 地区でその傾向が顕著なこと，

から考えると，何らかの便益を提供することによって，施設立地に対する人々の意識を否定的なものから肯定的なものへと変化させることは，今後の廃棄物処理施設のあり方としては望ましいものではないと判断する。このような"懐柔策"は，施設本来の役割やその機能および影響をしっかり市民が見つめ，より良い施設へと発展させていくことを阻害することになるのである。

5.5.3　施設建替えに対する意識との関連

（1）　施設建替えに対する意識の便益提供による変化

　居住地区の近傍への廃棄物中間処理施設の立地に対する意識と，便益提供によりこの施設立地への意識が変化するかどうかについて，これらの関連を解析した。便益として最も希望している人の多かった電気供給を取り上げ，解析した結果を図-5.13 に示す。

　中間処理施設を「生活に必要だから仕方がない」とする人が最も処理施設立地に対して「提供がなくても受け入れられる」と判断している割合が高い。とりわけ A，B 地区では施設を「生活に必要だから仕方がない」とする人々の約 90 ％の人が「提

5.5 便益の提供による意識の変化の要因解析

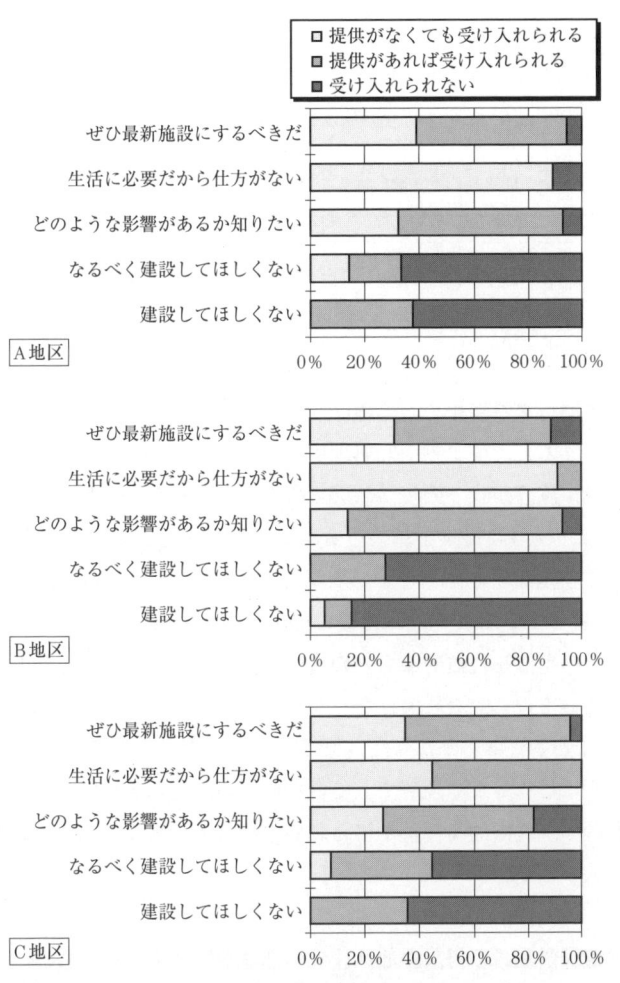

図-5.13 施設建替えに対する意識と電気供給施設併設による意識の変化関連

供がなくても受け入れられる」と判断している。

一方，施設に対して「ぜひ最新施設にするべきだ」，「どのような影響があるか知りたい」と判断している人々は，「提供があれば受け入れられる」と考えた人が多い。

「なるべく建設してほしくない」，「建設してほしくない」と判断した人々は，施設を「受け入れられない」とする人が多い。

このように，施設立地に対する意識によって，電気供給施設設置による受入れ意識の変化状況が異なってきている。

以上の判断の相違を整理して**表-5.3**に示す。

表-5.3 廃棄物中間処理施設立地に対する判断(便益提供施設併設の提示前後での変化)

提示前	提示後(最も多いもの)
・生活に必要だから仕方がない	・便益提供がなくても受け入れられる
・ぜひ最新施設にするべきだ ・どのような影響があるか知りたい	・便益提供があれば受け入れられる
・なるべく建設してほしくない	・便益提供があっても受け入れられない

（2） 意識層による受止め方の違い

これから考えると，廃棄物中間処理施設を「生活に必要だから仕方がない」と判断した人々は，施設が我々の生活に必須のものであるから，あえて，近傍に立地するとしても，便益の提供を施設受入れの必要要件とは考えていないことが伺え，施設の設置意義を認識していると考えられる。一方，施設立地に対して"否定的意識"を持っている人々は，便益の提供があっても施設受入れ反対の意識は変わらず，そのような代償的なものの提供があっても，施設立地を否定する意識が形成されている根本的な要因はなくならない。

「どのような影響があるか知りたい」と評価していた"慎重的意識"を持つ人々は，中間処理施設に対してよく理解できていないため，とりあえず慎重な立場をとっているものの，代償的な便益が得られるとなると，施設を受け入れる意識に変化している人が多い。

（3） 便益提供施設の併設が地区住民の意識変容にもたらすもの

したがって，施設立地に伴う便益提供施設の併設は，廃棄物中間処理施設の設置意義や役割等を十分理解できていない人々の意識を施設立地受入れに変化させるものであるといえる。

このように考えると，廃棄物中間処理施設立地の際に，地域融和策としてエネルギー供給施設立地等を行うことは，やはり，処理施設はNIMBY施設であることを地区に目に見える形で示すものとなり，処理施設は地区に不可欠であり，かつ，新たなエネルギーや資源を生み出す環境施設であるという認識を人々に浸透

させることに対しては負の作用をもたらすものであるということができる。

なお，公害防止や地球環境のために，「ぜひ最新設備にするべき」と考えている人で，「提供があれば受け入れられる」と考えた人の割合が多かったのは，このような中間処理施設によって電気や熱の供給が行えることを既に認識しており，"これらを地区に提供するのは当然"と考えているのであろう。

さらに，C地区がA，B地区と回答傾向が異なっていることの要因についても考えてみる。C地区では，中間処理施設を「生活に必要だから仕方がない」とする人であっても，「(サービスの)提供があれば受け入れられる」と考えている人が過半数を占めており，他地区では大半が「提供がなくても受け入れられる」と考えているのとは対照的である。これは，この地区では旧来の住宅地を分断するように幹線道路が多数整備されており，事業所や工場等も隣接している。このため，現在の生活において，"人々の生活に必要な施設ということは理解しているが，そのような施設があることで日常生活において私たちは我慢を強いられている"という意識があることが予想できる。これによって，同じ「生活に必要だから仕方がない」という回答であっても，その捉え方が微妙に異なっており，そのことがC地区とA，B地区で異なる回答傾向として現れている。

5.5.4 見返り施設設置に対する意識

単純に，廃棄物中間処理施設を建て替える際に，何らかの見返りがあれば建替えに賛成するかどうかを尋ねた結果を施設立地に対する意識の選択肢別に整理したものを図-5.14に示す。

この結果は，「見返りに賛成する」と回答した人の中に，何らかのサービスを提供する施設を併設しなくても施設立地を受け入れられると考えている人が含まれている(図-5.13参照)ことを考慮して，この結果の示唆しているものを考えていく必要がある。

まず，施設立地に"否定的意識"を持っている人々(「建設してほしくない」，「なるべく建設してほしくない」と回答)は，"見返り"には反対している。これは，"見返り"を得ることが，施設立地を容認することにつながると判断しているためである。

「どのような影響があるか知りたい」と考えていた"慎重的意識"を持つ人々は，

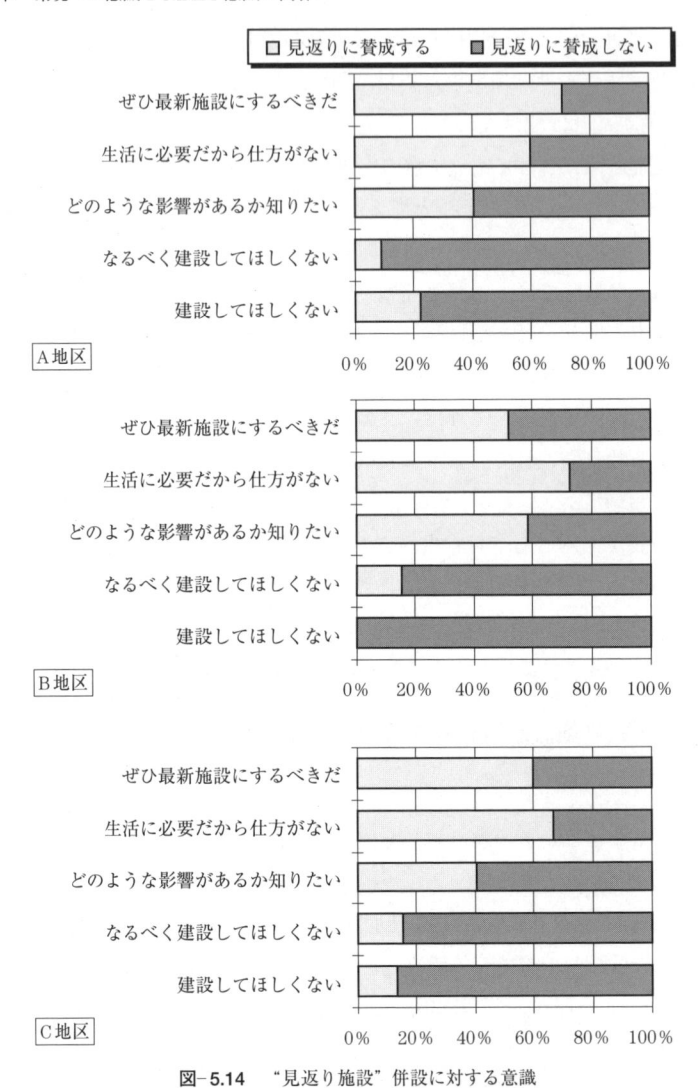

第 5 章　環境への意識と NIMBY 意識の関係

□ 見返りに賛成する　■ 見返りに賛成しない

A 地区
- ぜひ最新施設にするべきだ
- 生活に必要だから仕方がない
- どのような影響があるか知りたい
- なるべく建設してほしくない
- 建設してほしくない

B 地区
- ぜひ最新施設にするべきだ
- 生活に必要だから仕方がない
- どのような影響があるか知りたい
- なるべく建設してほしくない
- 建設してほしくない

C 地区
- ぜひ最新施設にするべきだ
- 生活に必要だから仕方がない
- どのような影響があるか知りたい
- なるべく建設してほしくない
- 建設してほしくない

図-5.14　"見返り施設"併設に対する意識

賛成・反対が半々である。自分たちに何らかの便益をもたらすものがあるのであれば施設立地を容認してもよいと、どちらかというと短絡的に考えた人と、"見返り"があるということはやはり何か良くない影響が生じる可能性があることを暗示しており、そのような"見返り"は賛成すべきではないと考えていると思われ

る。

　「生活に必要だから仕方がない」,「ぜひ最新施設にするべきだ」と考えている人では,"見返り"に賛成する人の方が多くなっている。中間処理施設を,「ぜひ最新施設にするべきだ」と考えている人の多くは,施設立地に対して「(サービスの)提供があれば受け入れられる」と回答しており,中間処理施設を最新の設備で建設すればエネルギーや資源を取り出して活用できることを認識していることから,このような施設によって得られたサービスが自分たちに還元されることに抵抗感が少なく,賛成しているものと思われる。

　一方,「生活に必要だから仕方がない」と考えている人の半数以上は,「(サービスの)提供がなくても受け入れられる」と回答しており,そのような人々が"見返り"に賛成する割合が多いのは矛盾しているように見える。おそらく,サービスの提供がなくても施設を受け入れられると判断する程度に廃棄物中間処理施設の重要性を認識しており,『私たちの環境・生活に影響があるから何らかの"見返り"を提供しようとしている』といった"見返り"が持つマイナスのイメージは意識していないのであろう。それよりも,施設からサービスが提供されるのであれば,受け入れようとするポジティブな考えから賛成しているのではないかと考える。

5.6　施設に対する意識の形成要因とその変化要因

　最後に,廃棄物中間処理施設立地に対しての周辺住民の意識がどのように形成されるのか,廃棄物中間処理施設立地時に地域融和策として何らかのサービスの提供を行うことによってその意識がどう変化するのかについて,得られた知見をまとめていく。さらに,このようなNIMBY施設の立地において,立地を促すためのサービス提供がどのような意味を持つものであるのかを考えた。

5.6.1　廃棄物中間処理施設立地に対する意識の形成要因解析

　廃棄物中間処理施設立地に対する(賛否)意識がどのような考えやバックボーンによって形成されているのかを解析した結果,次のような要因が影響していることが明らかになった。

　①　施設の立地場所や資源回収について認知しているような,ごみ処理への関

心が高く，環境問題への意識も高い人々の方が，ごみ処理の不可欠性とごみ中間処理の有効性と意義を認知し，ごみ問題に対する危機感を強く持っていることから，処理施設に対して肯定的な意識を持つようである。このような肯定的な判断は，中間処理施設が単に収集されたごみの焼却処理等を行う施設ではなく，そのプロセスでエネルギーや資源を取り出して，地区に供給できる施設であることを認識することによって，さらに確実なものとなっている。反対に，ごみ処理に関する知識の少ない人は，中間処理施設立地に対する賛否を判断するのに躊躇している。したがって，何よりも中間処理施設に関する情報を最大限地区住民に開示し，根拠のない不安感を払拭させていくことが，このような中間処理施設立地においては重要である。

② ごみに関わる様々な問題の解決は，行政や事業者だけの責務ではなく，住民も大きな責務を持ち，積極的に関わっていかなければいけないことを認識している人々は，中間処理施設立地に対して，その内容を理解しようと努め，そのうえで，立地に対して肯定的な判断を持つようになることが多い。当然，施設に関する情報により当該施設の立地が地区環境に良くない影響を及ぼすと判断された場合には，このような人々は否定的立場をとるであろうが，このような判断は，廃棄物中間処理施設の問題点を明らかにしていくもので，結果的により良い施設へと変えていく原動力となるものであり，好意的に受け止めるべきものである。一方，このようなごみ問題と自らの関わりを十分に認識しておらず，行動をとることにも消極的な人々は，施設の内容をしっかり把握せずに立地に対して否定的に考えたり，あるいは，十分に理解しなかったりして，多少盲目的に施設を受け入れている状況にあることがわかった。このような人々に対して，ごみ処理や中間処理施設について，正しい理解を促していけば，施設立地に対する意識が変わると考えられる。

5.6.2 便益提供による意識の変化の要因解析

廃棄物中間処理施設を立地する際に，熱供給等のエネルギーあるいは緑地等の空間を地区に還元することが，周辺地区住民の意識にどのような影響を及ぼすのかについて解析した。これより，以下に示す事柄を明らかにできた。

① 居住地区や個々の日常生活において満足できていないもの，充足感を得ら

5.6 施設に対する意識の形成要因とその変化要因

れていないものを補うものとなる便益提供施設を併設すると，廃棄物中間処理施設立地に対する意識が否定的なものから肯定的あるいは容認的なものへと変化していく傾向があった。しかし，このような便益還元型の施設の併設は，よりいっそう中間処理施設がNIMBY施設であることを際だたせ，人々の"廃棄物中間処理施設⇒迷惑施設⇒立地してほしくない施設⇒立地するのなら何か地区へ便益を還元せよ"という認識を形成させてしまう。廃棄物中間処理施設は電気・熱を地区に供給でき，空間的にも緑地等を提供できるが，これら便益が"見返り"的な意味合いで理解されることは，今後の都市の目指すべき方向（＝持続可能で循環型，環境と調和・共生する都市）を考えると，決して良いことではない。

② 廃棄物中間処理施設立地に際して，何らかの便益を周辺地区に提供することによって，施設立地に対する人々の意識を否定的なものから肯定的なものへと変えていくような施策を継続していては，廃棄物中間処理施設をNIMBY施設から都市の未利用エネルギー・資源の回収・供給施設へと変革させていくことを阻害するものとなる。このような"懐柔策"は，施設本来の役割やその機能および影響をしっかり市民が見つめ，よりよい施設へと発展させていくことを阻害することになる。

③ 施設立地に伴う地域還元的な施設の立地は，施設の設置意義や役割等を十分理解できていない人々の意識を施設立地受入れに変化させるものである。廃棄物中間処理施設立地の際に，地域融和策としてエネルギー供給施設立地等を行うことは，処理施設はNIMBY施設であることを地区に目に見える形で示すものとなり，処理施設は地区に不可欠であり，かつ，新たなエネルギーや資源を生み出す環境施設であるという認識を人々に浸透させることに対しては負の作用をもたらすものである。

④ このような便益が廃棄物中間処理施設の持つ新しい機能・ポテンシャルとして認識され，そして，これを活用することで自分たちの地区を環境側面でより良いものへレベルアップでき，これがひいては都市を環境に配慮したものへと変えていくことができるという前向きな理解を得ていけるようにしていくことが必要である。

⑤ しかし，地区によっては，これまでの公共事業等によって，旧来の生活を

大きく変化させることを強いられ，公共事業に対して良い印象を持っていないこともある。このような地区に対しては，廃棄物中間処理施設が立地することに対しての見返りとしてではなく，これまでの公共事業によって他地区の人々よりも日常生活に影響を受けてきたことを改善するものとして，施設の持つエネルギー供給あるいは空間提供という機能を活かすことは，進めるべき施策である。

⑥　このような，廃棄物中間処理施設からのエネルギー供給等を"見返り"ではなく，地区や都市を循環型・自立型のもの，いわば，新しい段階の都市へと発展させるための手段であると理解してもらうためには，やはり，人々がこのような施設が生活に不可欠なエネルギーや資源を再生していくものであるという認識を深めていくことが必要であり，施設側もそれに十分応えられる機能と能力を持つことが求められる。

参考文献

1) M.O'Hare, B.Lawrence and S.Debra：Facility Siting and Public Opposition, Van Nostrand-Reinhold, 1983.
2) R.C.Mitchell and R.T.Carson：Property Rights, Protest, and the Siting of Hazardous Waste Facilities, American Economic Review Papers and Proceedings, Vol.76, pp.285-290, 1986.
3) H.Kunreuther and P.R.Kleindorfer：A Sealed Bid Auction Mechanism for Siting Noxious Facilities, American Economic Review Papers and Proceedings, Vol.76, pp.295-299, 1986.
4) H.Kunreuther, P.R.Kleindorfer, P.J.Kenz and R.Yaksick：A Compensation Mechanism for Siting Noxious Facilities, Theory and Experimental Design, Journal of Environmental Economics and Management, Vol.14, pp.371-383, 1987.
5) 古市徹，高橋富男：焼却施設建設地選定のための市民参加型の合意形成支援システムの構築について，第13回廃棄物学会研究発表会講演論文集, pp.78-80, 2002.

第6章　人々に受け入れられるごみ処理施設となるには

6.1　廃棄物中間処理施設の新たな位置付けの提案

これまでの結果を踏まえて，これからの廃棄物中間処理施設の持つべき性質と都市インフラとしての新たな位置付けを考察する。

6.1.1　NIMBY対応としてのエネルギー等地域還元のもたらす影響

廃棄物中間処理施設（焼却施設）や最終処分場等のごみ処理施設は，迷惑施設や環境汚染源，住環境悪化施設として敬遠され忌避されてきた。住民は自分たちの居住する地域にごみ処理施設が建設・使用されることに拒否反応を示し，市町村やごみ処理に係る事務組合等に対して，施設の建設・使用計画や施設の使用に異議を申し立てる住民運動を展開していくことが多かった。

このような状況を打破するため，市町村等はごみ処理施設を建設する際に，地域住民の同意を得るため，地域冷暖房施設や給湯施設あるいは温水を利用した保養施設や温水プール等の地域還元施設を用意することが行われてきた。これは，このような還元施設を併設しなければならないほど，ごみ処理施設に対しての地域住民の反対や拒否反応が強いことを表している。

ごみ処理施設は，公共性の高い社会基盤施設（インフラストラクチャ）としてその建設の意義は理解し，その必要性や社会的有用性も認めるが，それを自分たちの居住地近隣や水源地等の直接的に影響を受けることが予想される場所に建設することには断固として反対するという，いわゆる「総論賛成，各論反対」の代表的施設とされてきた。すなわち，代表的なNIMBY施設であった。

第6章 人々に受け入れられるごみ処理施設となるには

　つまり，住民は中間処理施設が立地することにより「ダイオキシン類等の環境汚染物質が発生するのではないか」，「焼却排ガスによって悪臭や大気汚染等の環境悪化が生じるのではないか」，「収集車両や搬送車両が近隣を集中的に走行することによって騒音や振動，大気汚染が生じるのではないか」といった怖れを抱き，これによって居住地の社会的評価や経済的評価が低下するのではないかと考えているのである。

　今回の調査地区の中では，ニュータウン内にあるB地区で最もこのNIMBY意識が強い傾向にある。すなわち，現在の住環境に満足している人々が多く，関西圏内で比較的良い評価を得ている住宅地としての社会的評価や経済的評価が影響を受けるという危惧を抱き，その結果，施設の立地を容認しないという意識が形成されていると考えられる。

　その一方で，今回の調査より，ごみに関わる問題やそれへの積極的な関わり（今回はごみの分別排出行動），あるいは現在生起している種々の環境問題に対する知識があり，現在のごみ処理施設に対する知識のあるような人々は，最新の技術によって中間処理施設が建設されるのであれば，これを受け入れようと考えることも判明した。このような判断もB地区が最も顕著に表れていた。

　さらに，今回の結果から，中間処理施設立地を地域住民に同意してもらうために地域還元的な施設を併設することは，施設の設置意義や役割等を十分理解できていないことから施設立地に対しての賛否意思を決定できていなかった人々を施設立地受入れ賛成派に変化させていくことが明確に示された。ごみ中間処理施設立地の際に，地域融和策としてエネルギー供給施設立地等を行うことは，短期的に見れば施設の建設に賛成する人々を増やし，事業の展開を容

図-6.1　NIMBY施設という認識を生み出す要素

易にするが，この便益に人々が慣れきってしまうと，再び中間処理施設に対しての不安感・不信感が強まってしまうことが大いに予想できる。

結局，地域還元施設の併設は，中間処理施設が NIMBY 施設であることを地域に対して目に見える形で示すものとなり，中間処理施設は地域全体にとって必要不可欠な社会的必要性の高い施設であり，かつ，新たなエネルギーや資源を生み出す循環型社会施設であるという認識を人々に浸透させることに対して負の作用をもたらすだけである。

6.1.2 地域・地球環境問題対応の環境創出施設としての住民受入れへ

廃棄物中間処理施設において得られるエネルギー資源や施設周辺の空間資源は，地域還元的に活用するのではなく，この施設をコアとして，その地域を 21 世紀型都市構造として目標とされている『エコシティ(環境共生都市)』の先進的エリアとして再形成するのに活用すべきである。すなわち，廃棄物中間処理施設が立地することによって，地球温暖化の進行・酸性雨の頻発等の深刻化する様々な地球環境の問題を解決し，かつ，良好な居住環境を実現化して，質の高い都市環境を実現するような地域へと発展させていくのである。

したがって，廃棄物中間処理施設は，単なる廃棄された不要物の適正処理施設という位置付けから，使用済みの都市資源を利用可能な状態に変換する施設へと変わってゆく必要がある。その第一歩が可燃廃棄物のエネルギー資源としての利用であり，これを全面的に押し出すことで，いわゆる嫌悪施設，忌避施設から，市民に歓迎される施設に変わってゆける可能性がある。

さらに，これからの中間処理として，従来の焼却処理中心から，次のように収集された物の性状に応じた改質・処理等を進めていくようになれば，施設は地域の環境側面において様々な改善・向上を促す役割を担うようになり，よりいっそう地域の住民にとって受け入れやすい施設とできよう。

① 厨芥類・紙類等のバイオマス系廃棄物は衛生的な問題があるものを除いては焼却処理せず，メタンガス等の燃料ガスへの変換，エタノール等の液体燃料への変換を行う。こうすれば，施設は"廃棄物処理"ではなく，"バイオマスエネルギー創出施設"となる。そして，この施設で創出されたエネルギーを使用することは，いわゆる"カーボンニュートラル"なエネルギー資源の使

用となり，二酸化炭素の排出を大きく抑制できる．施設が立地する地域は二酸化炭素の排出が少ない地域となれるのである．

② プラスチック類は，PET，PP，PE等の種類別に分別化し，マテリアルリサイクルを基本とする．その他，分別回収や再生処理により利用可能な状態になる金属物等は，素材資源として利用する．これらを行うことから，中間処理施設は，都市において排出された資源物の集積・分別・出荷施設となる．

③ 厨芥類・紙類等で，衛生的な観点等から，バイオマス資源として利用しにくいものは，焼却処理を行い，エネルギー資源として活用する．マテリアルリサイクルしにくいプラスチック類は，衛生上の問題から焼却処理する紙類等と混焼し，その燃焼時エネルギーを電気や熱として利用する．この場合，中間処理施設はエネルギー供給施設となる．

このような取組みを進めていけば，中間処理施設は循環型社会形成の核となる施設という意義も有するようになる．これらのことを通じて，中間処理施設が立地することで，地域社会において，

ⅰ 化石エネルギー資源消費の抑制，
ⅱ CO_2 排出量の削減，
ⅲ 社会的コストの削減，
ⅳ 住環境の質的向上，資産的価値の向上，

が行えることになる．

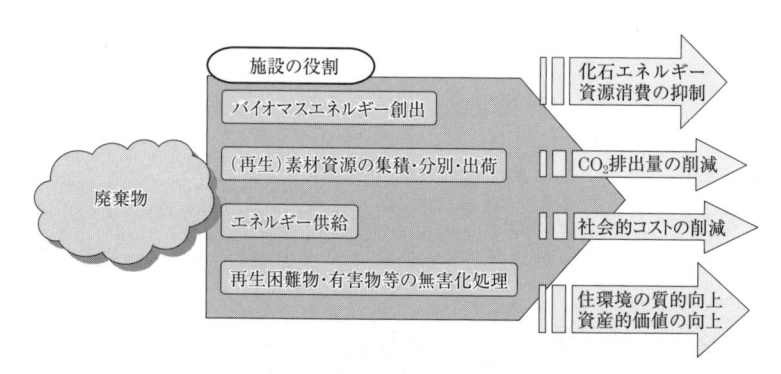

図-6.2 廃棄物中間処理施設の果たすべき役割

6.1.3 "廃棄物"，"処理"という意識からの脱却

NIMBY 施設といわれる廃棄物中間処理施設が市民に歓迎される施設へと変わってゆくためには，処理に伴い生じる周辺環境への影響を最小化すると同時に，その影響状況を市民に隠すことなく公表して信頼を得ていくことが大前提としてあり，そのうえで，中間処理により生み出されたエネルギー・資源を周辺地域に供給して周辺地域と一体となって環境調和型でサスティナブルな"Ecological Sustainable Town"を形成していくことが必要である。

そのためには，施設における技術開発とともに，周辺市民と施設管理運営者が，従来の廃棄物中間処理施設に対する意識を払拭して，環境に負荷の少ない循環型地域形成の核としての施設という意識を形成していくことが必要である。

これらを通じて，人々が，中間処理施設に搬入されてくる様々なものを"廃棄物"ではなく，地域環境改善のための"資源物"と捉えてもらえるように意識改革を促し，同時に，施設に対しても，われわれの生活に害を及ぼすものを"処理"する施設ではなく，収集された資源により，われわれの生活を支え，持続的な社会の形成に寄与していく"生活・社会のサポート"をする施設という認識を広めていくことが非常に大切である。

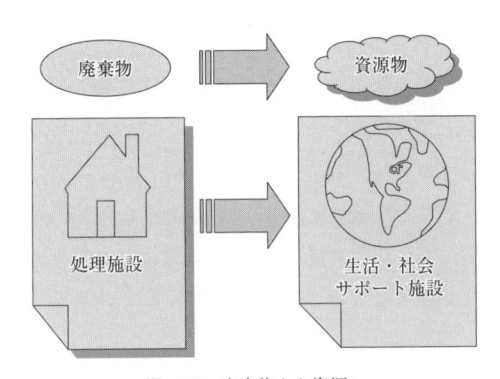

図-6.3 廃棄物から資源へ

6.2 廃棄物処理施設の NIMBY からの脱却

6.2.1 循環型地域形成施設

廃棄物処理・処分施設は，これだけ関連技術が開発・洗練化されてきているにも関わらず，周辺住民との合意が容易には得られないことから，その新設・拡張等がきわめて困難な状況となっている。施設立地に伴う環境悪化への危惧と地価下落への不安，施設の信頼性や安全性に対する不信感がある。これが NIMBY 問題である。

廃棄物中間処理施設は，単なる廃棄された不要物の適正処理施設という位置付けから，使用済みの都市資源を利用可能な状態に変換する施設へと変わってゆく必要がある。その第一歩が可燃廃棄物のエネルギー資源としての利用であり，これを全面的に押し出すことで，いわゆる嫌悪施設から，市民に歓迎される施設に変わってゆける可能性がある。

6.2.2 不信感・不安感の解消

住民が廃棄物中間処理施設立地に反対するのは，これまでの施設が環境影響を生じさせ，生活環境の悪化だけでなく，健康被害まで引き起こしてきた経緯から，施設立地に対する不安感があるためである。しかし，そのような住民も，施設立地によってエネルギー提供といった即物的なメリットが自らに与えられることを知ると，反対から賛成に意思が容易に変化している。このことは，十分に施設を理解したうえで反対しているのではなく，何となく抱いている不安感から反対している住民の多いことを表している。このような住民に対してエネルギー供給を行うことは，施設立地に対する見返り補償的なものを与えることとなり，施設立地の本来の意義を理解しないまま，自分の住んでいる地域に施設を立地させることになる。

このような施設立地に対する補償という意味合いでのエネルギー等の提供は，決して廃棄物中間施設を環境に負荷の少ない循環型地域形成の核とすることを助けはしない。これは，廃棄物に係る種々の問題や廃棄物処理技術等に関する知識，さらには環境問題に対する知識を有している住民は，このような補償的な提

供によって施設の立地を容認するのではなく，施設が自分たちの生活に必要不可欠であることを理解し，できれば最新の技術で建設することを望んで，施設立地を容認していることからもうかがえる。

行政と住民が廃棄物中間処理に関して，技術的なことや社会システム的なこと，さらには個人のライフスタイルにまで踏み込んで考え，お互いの持つ廃棄物中間処理施設に対する意識を変えながら，施設を環境への負荷の少ない地域形成のための重要な社会インフラとして活かす術を見出していくことが必要である。

6.2.3 廃棄物施設の NIMBY からの脱却

NIMBY 問題の解決のためにとられている主な手法は，周辺影響の少ない地点への立地，施設の環境対策の徹底，情報開示，緩衝緑地整備と，周辺地域の環境整備等であろう。

このような対策は重要であるものの，基本的に施設が NIMBY であることを変えていくものではない。しかし，廃棄物はわれわれ自身が産み出すものであり，それに対しての責任は負わねばならない。また，見方を変えれば，「廃棄物」とはいわば都市が産み出した新しい形の「資源」であり，「エネルギー源」である。これをわれわれの生活で活用できるように手を加えるのが，今後，廃棄物処理・処分施設に求められる機能ではないだろうか。さらに，基本的に各種施設は集約化・広域化の方向にあるが，その先の時代ではもっと個別化・分散化する方向に進むことも考えられる。

現代社会でわれわれの生活の場の近くに立地し様々な利便を提供しているコンビニエンスストア，それと同じような感覚でわれわれの生活の身近な場所に立地する資源・エネルギー転換ステーションのようなものができれば，NIMBY が死語になるだろう。

また，施設側だけでなく，われわれの意識を変えていくことも必要であろう。NIMBY に関する研究を行ってみて，結局，多くの人々は施設の実情を知らないまま，過去の報道等に基づいて自らの中で作った施設に対するイメージを基準に批判や評価をしている。一方，施設側も実状を積極的に見せることをしていない。この点を解消するためのアプローチを考えていきたい。これを考える一つの鍵として，市民に見られることを前提に設計・建設された広島市の中工場があ

第6章 人々に受け入れられるごみ処理施設となるには

る。この施設は，廃棄物焼却工場の中央部に，都市軸に沿った形でガラス貼りの公開通路を入れ込んでおり，平日ならだれでも中に入ることができる。そのガラス通路からは実際に稼働している最新鋭の焼却装置を見ることができるだけでな

写真-6.1 広島市中工場の外観

写真-6.2 広島市中工場内の見学通路

6.2 廃棄物処理施設の NIMBY からの脱却

写真-6.3 広島市中工場での施設を見学する人々（自由通路）

く，様々な環境情報を得ることもできるようになっている。また，見られることを前提に設計されているため，「ゴミ焼却施設」というネガティブなイメージを払拭しつつ，われわれが生活を営み，ごみを出すということが，このような施設を稼働させなければならない状況を生み出しているのだというメッセージを発信している。これを見れば，NIMBY と簡単に言うことの思慮不足を認識できるのではないだろうか？

おわりに

　高度経済成長期における公害問題等への対応を通じて，人々は環境に関心を持つようになった。そして，人々が廃棄物の問題を真剣に考え，様々な取組みを始めて30年以上の年月が過ぎてきた。振り返ってみて，この30年間で私たちの廃棄物に対する考え方や，社会の仕組みはずいぶんと変わってきたものだなと感慨を持ちつつ，ふと考えこんでしまったことがある。

　確かに様々な法制度が整備され，循環を基本とする社会システムの構築が鋭意取り組まれてきた。その結果，われわれの産業活動や社会生活等を通じて生み出され続けている多様な廃棄物をリサイクルすることが大きな潮流となっている。

　市場から回収した製品の再生や，部品のリサイクル等を効率的に進めるには，製品の分解・分別を容易にすることや含有化学物質が少なくリサイクルしやすい材料を選定することが重要なことから，製品を組み立てているネジ数を削減したり，使用しているプラスチック材料を統一したりするなどの，リサイクルすることを前提にした設計(リサイクル対応設計)が導入され，これにより生み出されている製品も増えている。例えば，日産自動車では，新型車開発の目標値として「リサイクル可能率」，「環境負荷物質削減率」，「解体性効率」，「樹脂部品マーキング基準」を設定しており，設計段階における判断基準を明確にしたうえで，ISO14001に基づき開発プロセスの中で目標値達成状況の評価・管理を行っている。そして，1999年以降発売のすべての新型車でリサイクル可能率90％以上を達成している。

　廃棄物問題は，一般市民に最も身近な環境問題であり，その中でも容積比で約6割を占めるといわれる容器包装廃棄物に関しては，その減量・リサイクルを進めるためのいわゆる『容器包装リサイクル法』が施行されて今年で10年を迎える。これにより容器包装類のリサイクルは確実に拡大している。一時期，批判が集中した感のあったPETボトルにおいても，『容器包装リサイクル法』に基づくPET

おわりに

ボトルの分別収集が開始された1997年度には10％弱にすぎなかったPETボトルの回収率が年々高まり，2003年度には61％にまで達している。数年前までは飛躍的な生産量増加によって，回収率が上昇しても収集・リサイクルされない量が増加するという状況も引き起こしていたが，これも解消された。

さらに，PETボトル同様に，人々が日常的に使用し，短い時間で不要となって廃棄されることから，厳しい見方をされていたレジ袋（PE袋）については，中央環境審議会と産業構造審議会の合同部会において，無料配布から有料化することで意見の一致をみている。今後，環境省と経産省は業界と自主協定を結ぶ方向で協議に入る予定となっており，レジ袋問題の解決の糸口が見えてきたようである。

このように，廃棄物に関して，様々な残された問題はあるものの，全体として情勢は良くなっているように思える。しかし，本当に，そうなのであろうか？筆者自身，あまり楽観できないのではないかという思いがある。それはなぜ故か，以下に述べてみたい。

まず，次頁の写真を見ていただきたい。砂浜に置き去りにされたPETボトル，ごみ捨て場のようになった砂浜と河川敷である。どの写真も，最近，筆者自身が撮影したものである。

「地球環境問題は深刻です。だから，環境に配慮した生活を行い，ごみは分別してリサイクルしましょう」。だれもがこのようなことはよく理解しているはずだ。だが実際には，まだこれだけ多くのごみが自然環境中に放置されているのである。

例として，東京都荒川の主に下流域で，河川の清掃等の活動を行っているNPO法人「荒川クリーンエイド・フォーラム」による荒川クリーンエイドのレポートをみてみる（環境goo Let's！環境ボランティアより）。

クリーンエイド運動は，通常の水辺環境でのごみ拾い運動「クリーンアップ」をさらに進めたもので，ごみを拾う(clean)だけでなく，ごみの分析も行い，その発生を抑止する，つまり環境を助け，逆に環境に助けられている(aid)，という精神を表している。

集めたごみの分析により，最近は消費量の増加に伴い小型PETボトルが多く拾われるようになり，ファーストフード店やコンビニエンスストアで買える食べ

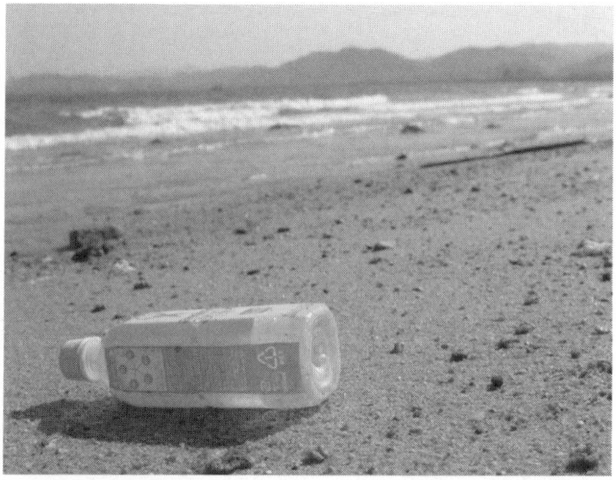

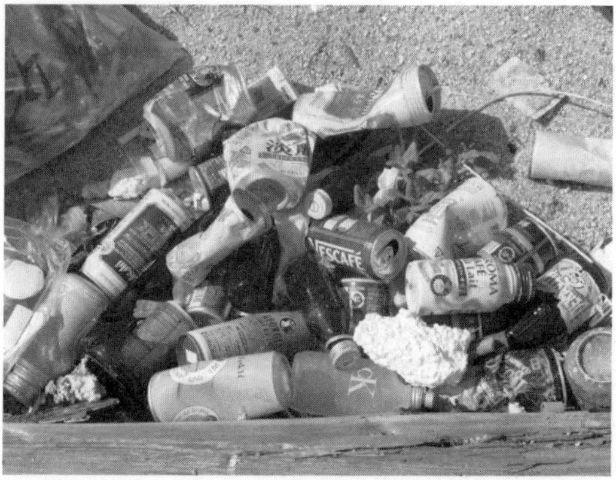

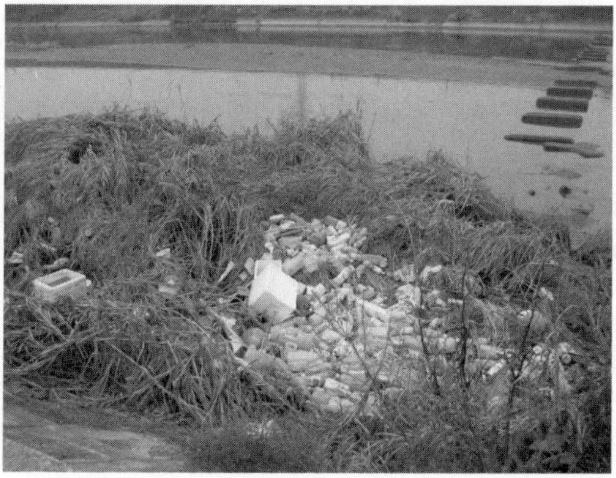

おわりに

物の容器が多い傾向にあることが指摘されている。また，年々きれいになっている実感がある一方で，ごみの総量としては変化がないという分析結果も示されている。

このような状況は荒川に限ったことではないし，河川や河川敷，海浜に限ったことでもない。市民が遊びや散歩，スポーツ等で訪れた公共空間，自然空間において，憩い，リフレッシュする豊かな時間を楽しむ一方で，人々はそのような自分たちにとって不要となった"ごみ"を捨てたり，放置したりしているのである。

さらに，次の3葉の写真を見ていただきたい。これらは，ある大学の昼休みの風景と昼休み後のごみ箱を撮影したものである。様々なごみが捨てられているのが見える。

この大学は学生数が多いため，学生の昼食をキャンパス内の食堂・カフェや，キャンパス周辺の喫茶店等だけではまかないきれず，キャンパス内で相当数の弁当やテイクアウト品，インスタント食品を販売している。

これらは大半がPE袋に入れられて販売され，容器も通常の

トレイ品が多い。お箸やスプーン，フォーク類も使い捨て品である。その結果，昼食後にはごみ箱が溢れんばかりに容器包装類が廃棄されることになってしまっている。

　人類全体にとって環境との調和ある社会の構築は今世紀の最大の課題であり，その課題解決のために環境への配慮が身についた『環境マインド』を持つ人材を育てることは，社会に対して大学が負うべき重要な役割である。このような認識を持ってISO14001認証取得を目指す大学が出てきており，環境マネジメントシステムを構築し始めている。さらに，環境意識が高く，何らかの行動をしたいと思う学生たちが集まって環境サークルを作り，様々な働きかけをしている。

　しかし，現状としてそのような環境マインドを持って大学経営をしたり，学生たちが環境配慮の自主活動を進めたりしていない大学も数多い。例えば，筆者はある大学で将来的にエコキャンパス化を進めることを課題に実習を担当しているが，基礎データを得るために大学当局に学生がヒアリングをしにいっても，1年間の電気や水道の消費量自体を把握しておらず（料金としては把握しているが），担当部署はこれらを削減しようとはさほど考えていないようであった。さらに，発生するごみに関しても，事業系廃棄物として処理しているため，キャンパス内でのごみ減量や分別・再資源化への関心が低く，再資源化等については委託業者任せになっていた。このため，学生たちは，日常生活ではそれぞれの自治体におけるルールに従ってごみの分別や再資源化への協力をしているのに，キャンパス内ではほとんどこのようなことを意識しなくて済む20世紀後半型の"キャンパスライフ"を謳歌してしまっている。

　なぜ，このような状況が生じているのであろうか？

　この素朴な疑問に対する答えを見つけたいという思いが，本書のもとになった論文に取り組む発端であった。環境配慮意識が浸透しきっていないのか，あるいは，環境に配慮しなければならないことは理解しているが，実際に行動を実践することは躊躇している，あるいはそこまでの意識の形成・醸成ができていないのではないだろうか。大胆な言い方をすれば，"わかっちゃいるけど，やるのはねえ…"という，以前からあった意識と行動の不一致という問題ではないだろうか。

おわりに

　このようなことを考えつつ，本書ではリサイクルを意識したごみ分別の細分化がもたらした住民の環境に関わる意識の変化，リサイクルといいつつ一方的なマテリアルフローになっているPETボトルリサイクルに対する消費者の意識，商品開発での環境配慮の度合いについての開発者の意識，ごみ処理施設建設に関するNIMBY意識，このような様々なシチュエーションに置かれた人々の意識を探っていくことで，先の素朴な疑問についての答えを探っていった。

　結局，ひとつの明確な答えは見つけられないが，人々は自分のパーソナルな欲求と，環境に配慮しなければいけないという意識の間で揺れ動き，その時々の判断で行動を選択しているということはわかった。あとはその心の揺れを環境側にそっと押してくれるものがあれば，かなりの人々が自らのエゴも充足しつつ，エコな生活をおくれるようになるのだろう。

　その一つの兆しは，筆者の小学生の娘に問いかけた何気ない質問の答えに見られた。
「なんでリサイクルしないとあかんと思う？」
「地球温暖化を進めたらあかんから」
「リサイクルしないと何で温暖化するの？」
「リサイクルしないと燃やしてしまい，温暖化する」
「リサイクルするとなんで温暖化しないの？」
「ごみにならんで，もう一回使えるから」
　このような答えを迷い無く出してくれる子供の環境への価値観を育てていくことが，これからは一番大切なことだと思う。

索　引

【あ】

アンケート　5
アンケート調査　36

【い】

SO_x 排出量　76
意識形成　14
意識調査　18
意識調査アンケート　21
一戸建て　24
一対比較　45, 64
異物混入　17, 24
異物混入率　20, 27
インパクトカテゴリー　79
インフラストラクチャ　159
インベントリ分析　74

【う】

ウェイト　45
Web 情報　117

【え】

AHP 法　43, 64
エコインディケータ95　68
エコ・コミュニティ事業　34
エコシティ　161
SO_x 排出量　76
NO_x 排出量　76
エネルギー供給　98, 108, 115
エネルギー供給関連施設　103
エネルギー源　165
エネルギー資源　161
エネルギー資源消費　78
LCA　55, 59
LCC　55, 59

【お】

重み　64
重み付け　45, 64
重み付け係数　77

【か】

回収指定袋　18
回収ボックス　38
回収率　31, 34, 57
階層図　44
階層分析法　43, 64
価格　47
価値観　47
環境アセスメント　90
環境意識　145
環境インパクト　65
環境インパクトカテゴリー　77
環境インパクト値　67, 78
環境インパクト評価　67
環境汚染　2
環境カテゴリー　81
環境共生施設　161
環境施設　150
環境調和型　163
環境調和型商品　63
環境調和性　63, 79, 83
環境調和性評価　81
環境調和度　65
環境配慮行動　2, 6, 9, 23, 27
　――の規定要因　3
環境配慮型ライフスタイル　14
環境配慮的意識形成　6
環境配慮的な意識　6, 9
環境負荷　48, 55, 66
環境へのやさしさ　48, 55
環境リスク認知　3, 11

175

索引

【き】

幾何平均　45
規定因　8
機能性　46
機能単位　55
忌避感　101, 119
忌避施設　161
キャラクタリゼーション　67, 77
給湯施設　159

【く】

クラシフィケーション　67
グリーン購入　63
クロス集計　53, 138, 142
クローズドシステム　35

【け】

経済性　64
経済的評価　160
ケミカルリサイクル　31, 48, 52, 54
嫌悪施設　128, 161, 164

【こ】

合意形成　89
行動意図　4
行動実践　6
購入抑制　23
購買意欲　47
高齢化率　97
高炉　74
高炉メーカー　69
コスト　55
戸建住宅　21
ごみ収集車　135
コミュニティ　118

【さ】

再資源化　31
最終処分場　89
再商品化製品　35

——の認知　39
再生 PET 樹脂　58

【し】

自衛的手段　14
CO_2 排出量　56, 58, 76
資源・エネルギー転換ステーション　165
資源循環　35
C 重油　77
持続可能な経済活動　1
持続可能な社会　1
持続的発展可能な社会の形成　18, 163
実行可能性評価　3, 8, 12
実態調査　23
CVM　128
資本財　73
社会基盤施設　159
社会規範的評価　3, 8
社会的評価　160
住居形態　4
集合住宅　21
住民合意形成　127
住民参画　114
重要度　45, 65, 72, 81
順位法　65
循環型社会　35
——の形成　34
循環型社会システム　128
循環型地域形成　164
省エネルギー性　64
使用素材　27
情報提供システム　14
情報発信　27
親和施設　126

【す】

スクラップ　69
ステーション収集方式　27

索引

【せ】
清掃工場　89
性能　47, 63, 79, 83
性能評価　81
性能優秀度　65
責任帰属の認知　2, 3
SETAC　67

【そ】
相対的環境調和度　78
相対的重要度　79, 83
相対的優秀度　65, 70, 72

【た】
ダイオキシン　89, 128
代償的行為　121
対処有効性　2, 8
対処有効性認知　3, 11
脱硝率　74
脱硫率　74

【ち】
地域還元　127
地域還元施設　159
地域融和　115, 116
地域融和策　127, 153, 155, 160
地域冷暖房施設　159
地球温暖化　78
地区還元施設　104
NO_x 排出量　76
調査票　99

【て】
デザイン　47, 64
電炉メーカー　69, 74

【と】
都市インフラ　159

【に】
CO_2 排出量　56, 58, 76
21世紀型のまち　116
NIMBY 意識　160
NIMBY 施設　89, 105, 121, 127, 146, 150, 153, 155
NIMBY 問題　164
認知　6, 8

【ね】
熱供給　91, 115
燃料消費　69

【は】
バイオマスエネルギー創出施設　161
バイオマス資源　162
廃棄物中間処理施設　89
排出抑制　23
白色トレイ　20
バージン材　40, 57
バージン材 PET ボトル　35
発生抑制　50
パネル法　68, 81
バリュエーション　67, 68
パンフレット　27

【ふ】
不安感　104
副資材　73
不信感　103
不法投棄　89
プラスチック製容器包装類　17
分別化　1
分別収集品目　27

【へ】
PET ボトル　20
PET ボトル回収率　57
PET ボトルリサイクル推進協議会　31
便益還元　155

177

索引

便益提供　148
便益提供施設　142, 145
便益・費用評価　3, 12

【ほ】
ホイール to ホイール　85
訪問留置法　49
補償原理　128
ボトル to ボトル　33, 35, 48, 60

【ま】
マテリアルリサイクル　28, 31, 69
マンション　24

【み】
見返り施設　145

【め】
迷惑施設　128
迷惑率　91

【も】
目標意図　4
問題解決型意思決定手法　64

【ゆ】
有料化　134

【よ】
容器包装リサイクル協会　60
容器包装リサイクル法　1, 18, 31, 35
容リ協　60

【ら】
ライフサイクルアセスメント　55, 59
ライフサイクルコスト　55, 59
ライフサイクルステージ　66, 72
ライフスタイル　6, 9, 130, 165
　――の変更　17

【り】
リサイクル　58
リサイクルシステム　85
リサイクル性　99
リサイクルセンター　120
リサイクル PET ボトル　35
リサイクル率向上　28
リターナブルボトル　34
リターナブル容器　48
リユース　48, 52, 54, 58
リユース PET ボトル　35, 54

【れ】
連関モデル　6, 10

著者略歴(2007年4月現在)

和田　安彦(わだ　やすひこ)
　　関西大学大学院・環境都市工学部教授　工学博士
　　専攻：環境計画，環境工学，衛生工学，環境政策
　　　昭和17年　奈良県に生まれる
　　　昭和50年　工学博士号(京都大学)
　　　昭和51年　関西大学工学部土木工学科講師
　　　昭和54年　同大学助教授
　　　昭和62年　同大学教授

《著書》
　　・河川汚濁のモデル解析(共著)，技報堂出版，1989.
　　・なにわの水(共著)，玄文社，1989.
　　・ノンポイント汚染源のモデル解析，技報堂出版，1990.
　　・日本の水と緑(共著)，玄文社，1992.
　　・ノンポイント負荷の制御，技報堂出版，1994.
　　・環境計画―21世紀への環境づくりのコンセプト，技報堂出版，1995.
　　・環境にやさしいライフスタイル(共著)，技報堂出版，1996.
　　・土木工学概論(共著)，共立出版，1998.
　　・エース環境計画(共著)，エース土木工学シリーズ，朝倉書店，2001.
　　・水を活かす循環環境都市づくり―都市再生を目指して(共著)，技報堂出版，2002.
　　・市民の望む都市の水環境づくり(共著)，技報堂出版，2003.
　　・水辺が都市を変える―ため池公園が都市空間に潤いを与える(共著)，技報堂出版，2005.
　　　他多数

三浦　浩之(みうら　ひろゆき)
　　広島修道大学人間環境学部教授　博士(工学)　技術士(下水道部門)
　　専攻：環境システム，都市システム，エコデザイン，
　　　　　まちづくり，環境価値評価，環境予測・評価
　　　昭和35年　山口県に生まれる
　　　昭和57年　関西大学工学部卒業後，同大学工学部副手を経て助手
　　　平成12年　同大学専任講師
　　　平成14年4月　広島修道大学人間環境学部教授

《著書》
　　・水文・水資源ハンドブック(共著)，朝倉書店，1997.
　　・人間環境学入門(共著)，中央経済社，2001.
　　・水を活かす循環環境都市づくり―都市再生を目指して(共著)，技報堂出版，2002.
　　・市民の望む都市の水環境づくり(共著)，技報堂出版，2003.
　　・水辺が都市を変える―ため池公園が都市空間に潤いを与える(共著)，技報堂出版，2005.

環境に配慮したい気持ちと行動	
―エゴから本当のエコへ―	定価はカバーに表示してあります。
2007年4月25日　1版1刷発行	ISBN978-4-7655-3419-2 C3051

著　者	和　田　安　彦
	三　浦　浩　之
発行者	長　滋　彦
発行所	技報堂出版株式会社
	〒101-0051　東京都千代田区神田神保町
	1-2-5（和栗ハトヤビル）

日本書籍出版協会会員	電　話　営業　（03）(5217)0885
自然科学書協会会員	編集　（03）(5217)0881
工学書協会会員	FAX　　　　　　（03）(5217)0886
土木・建築書協会会員	振　替　口　座　　00140-4-10
Printed in Japan	http://www.gihodoshuppan.co.jp/

© Yasuhiko Wada and Hiroyuki Miura, 2007　　　印刷・製本　美研プリンティング

落丁・乱丁はお取替えいたします
本書の無断複写は，著作権法上での例外を除き，禁じられています。

好評発売中 関西大教授 和田安彦・広島修道大教授 三浦浩之 共著

水を活かす循環環境都市づくり―都市再生を目指して

定価2,730円（税込み・2007年4月現在）　A5判・172頁　ISBN978-4-7655-1629-7

主要目次
1. 地球環境時代の都市における水
2. 水を活かした循環環境都市づくり
3. 効率的な雨水利用システムの構築
4. 都市水資源としての流出雨水の利用
5. 下水処理水の再生利用
6. 下水処理水を活用した都市内河川の水環境改善
7. 中水道システムによるオフィス街での水自給化
8. 中水道システム導入による水源自立型都市づくり

市民の望む都市の水環境づくり

定価2,625円（税込み・2007年4月現在）　A5判・156頁　ISBN978-4-7655-1652-5

主要目次
1. 市民合意形成と市民参加，エコデザイン
2. 上水道での高度浄水導入に対する市民の意識と評価
3. 市民の視点からの都市水供給システムの再生
4. 市街地にある河川の環境空間としての市民の評価
5. 市民の求める河川水辺環境の整備

水辺が都市を変える―ため池公園が都市空間に潤いを与える

定価2,730円（税込み・2007年4月現在）　A5判・152頁　ISBN978-4-7655-1690-7

主要目次
1. 都市の中での公園づくり―特に水辺のある公園について
2. ため池からの公園づくり
3. 水鳥とのふれあい
4. 環境教育の場としての水辺のある公園
5. 水鳥とのふれあいから環境配慮意識の形成へ
6. 癒し空間としての水辺のある公園づくり

――――――――――技報堂出版――――――――――

営業部　TEL03(5217)0885　FAX03(5217)0886　http://www.gihodoshuppan.co.jp/